计算机网络技术与应用
（第4版）

史秀峰　葛宗占　主　编

赵鹏飞　侯塞平　菅志宇　副主编

電子工業出版社

Publishing House of Electronics Industry

北京·BEIJING

内 容 简 介

本书系统地介绍了计算机网络的基础知识和实用技术，包括计算机网络概述、数据通信基础、计算机网络体系结构、局域网技术、网络管理与安全、交换与路由技术和综合实训。本书结合新知识、新技术、新方法，体现科学性、实用性，正确处理了理论知识和技能实践的关系，注重培养学生的分析能力、应用能力和自学能力。

本书内容丰富、结构清晰，既可作为中等职业学校计算机应用专业的课程教材，也可供广大计算机爱好者参考使用。

图书在版编目（CIP）数据

计算机网络技术与应用 / 史秀峰，葛宗占主编. —4 版. —北京：电子工业出版社，2024.4

ISBN 978-7-121-47081-3

Ⅰ. ①计… Ⅱ. ①史… ②葛… Ⅲ. ①计算机网络—中等专业学校—教材 Ⅳ. ①TP393

中国国家版本馆 CIP 数据核字（2024）第 022908 号

责任编辑：罗美娜　　文字编辑：戴　新
印　　刷：涿州市京南印刷厂
装　　订：涿州市京南印刷厂
出版发行：电子工业出版社
　　　　　北京市海淀区万寿路 173 信箱　邮编　100036
开　　本：787×1 092　1/16　印张：14.25　字数：371.2 千字
版　　次：2013 年 1 月第 1 版
　　　　　2024 年 4 月第 4 版
印　　次：2024 年 12 月第 4 次印刷
定　　价：39.80 元

凡所购买电子工业出版社图书有缺损问题，请向购买书店调换。若书店售缺，请与本社发行部联系，联系及邮购电话：(010) 88254888，88258888。

质量投诉请发邮件至 zlts@phei.com.cn，盗版侵权举报请发邮件至 dbqq@phei.com.cn。

本书咨询联系方式：(010) 88254617，luomn@phei.com.cn。

前言

随着计算机技术的发展，根据国家新一轮课程改革的精神和中等职业学校计算机专业发展的需要，在内蒙古教育厅的组织下召开了计算机专业教材编写、修订会议。这次会议对计算机专业教材编写提出了新的要求，即以充分适应本专业最新发展趋势为原则，培养学生的从业能力，为就业及进入更高层次的学习奠定良好的基础。为此，我们特意重新规划了计算机专业的教学计划和课程安排，力求新教材能更加适应社会的发展，同时在众多本专业课程中选出了"计算机网络技术与应用""计算机组装与维修""Office 2007 案例教程""Visual Basic 程序设计"4 门基础性强的课程作为自 2015 年开始的中职对口升入高等院校计算机专业的必考课程。

为了方便广大中等职业学校的学生学习，我们组织编写了相应的学习指导书。它们是《计算机网络技术与应用学习指导与练习》《计算机组装与维修学习指导与练习》《Office 2007 案例教程学习指导与练习》《Visual Basic 程序设计学习指导与练习》。

按照新的教学计划和课程安排，这些教材被纳入"中等职业教育课程改革内蒙古自治区规划教材"丛书系列，并且由内蒙古中等职业学校教材审查委员会审定。

本书是对已出版的《计算机网络技术与应用（第 3 版）》的修订，史秀峰、葛宗占任主编，赵鹏飞、侯塞平、菅志宇任副主编，参加编写的人员还有陈国春、任鹏茹、刘艳玲、董文婕、肖传晶、陶天才、薛建利、王际洲。

虽在编写中力求谨慎，但限于编者的学识、经验，疏漏和不足之处仍恐难免，恳请广大同行和读者不吝赐教，以便今后修改提高。

编　者

目 录

第 1 章

计算机网络概述

内容摘要

- ◆ 计算机网络的产生与发展
- ◆ 计算机网络的概念
- ◆ 计算机网络的功能
- ◆ 计算机网络的分类
- ◆ 计算机网络的拓扑结构
- ◆ 计算机网络的标准及标准化组织

学习目标

- ◆ 了解计算机网络产生与发展过程
- ◆ 掌握计算机网络的概念
- ◆ 理解计算机网络的功能
- ◆ 掌握计算机网络的分类
- ◆ 掌握计算机网络拓扑结构的分类及特点
- ◆ 熟悉有影响力的标准化组织

素质目标

- ◆ 培养学生对计算机网络的兴趣，加深学生对网络世界的宏观认识
- ◆ 增强团队互助、进取合作的意识
- ◆ 增强学生的社会认同感，强化人类命运共同体的意识，进一步提升学生的社会责任感

思政目标

◆ 崇尚宪法、遵纪守法，奠定专业基础，激发
学生对专业学习的兴趣，朝着建设网络强国的
目标不懈努力
◆ 培养学生对国家网络主权的意识，激发学生的爱国情、
强国志和报国行
◆ 理解信息化在未来国家发展战略中的重要地位，建立文化
自信与科技自信情怀
◆ 培养学生的核心意识

　　计算机网络是 20 世纪五六十年代出现的一门新的学科，是计算机技术与通信技术紧密结合的产物。经过几十年的发展，计算机网络的应用已经渗透到各行各业、家庭乃至国家，并逐步改变着人们的思想观念、工作模式和生活模式，成为人们日常生活中不可或缺的工具。计算机网络连接各个部门、地区、国家乃至全世界，使人们获取、传输、处理和存储信息，帮助人们进行生产的控制、企业的管理，已经成为现代信息社会的基础设施。

　　现代信息社会带给人们许多便利条件，如网上办公、网上缴费、网上银行等各种各样的网络应用。自从有了计算机网络，人们的生产、生活方式都发生了巨大的变化，可以说，计算机网络已经在各个方面影响并改变着人们的生活。

1.1　计算机网络的产生与发展

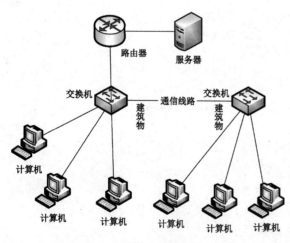

图 1-1　计算机网络系统

　　计算机网络是随着社会对信息资源的共享和信息传递的要求发展起来的。

　　在计算机网络出现之前，早期的每一台计算机都是独立于其他计算机的，它们自主工作，拥有的资源也只能自己享用。在 20 世纪 50 年代中期，美国的半自动地面防空系统（SAGE）把雷达和其他测控设备的信息通过通信线路传输到一台 IBM 计算机上，首次实现了计算机和通信设备与线路的结合，揭开了计算机技术与通信技术结合的序幕。如图 1-1 所示为计算机网络系统。

1.1.1 计算机网络的发展过程

随着计算机技术和通信技术的不断发展，计算机网络也随之经历了不同的发展时期。其发展历史包括从简单到复杂、从单机到多机的过程，一般可以分为以下 4 个阶段。

1. 具有通信功能的终端系统——第一代计算机网络

具有通信功能的终端系统产生于 20 世纪 60 年代初期，是计算机网络发展的萌芽阶段，该阶段又被称为面向终端的计算机网络。该阶段的计算机网络是将一台中心计算机与不同地理位置的多个终端相连。其中，终端是指一台计算机的外部设备，包括显示器和键盘。由于终端没有 CPU 和存储设备，因此不具有处理和存储能力。如图 1-2 所示是具有通信功能的终端系统。

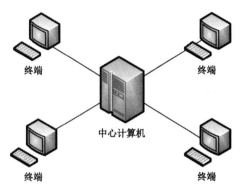

图 1-2　具有通信功能的终端系统

第一代计算机网络的特征是多个终端能够以交互的方式将命令发送至计算机，从而将一台计算机内的各种资源分配给多个用户共同使用，提高计算机的利用率。这种方式使得人们能够以较低的费用使用昂贵的计算机，从而极大地激发了人们使用计算机的热情，使计算机用户的数量迅速增加。这种网络形式的典型例子是 1963 年 IBM 公司研发的全美航空公司联机订票系统，该系统由一台中心计算机和分布在全美各地的 2000 个终端组成，由主机统一处理订票信息。

但是，随着终端用户的不断增加，加重了中心计算机的负担，使得系统响应时间过长，严重时甚至出现死机等情况，并且一旦中心计算机出现故障，就会导致整个计算机网络系统瘫痪。

2. 发展完善阶段——第二代计算机网络

随着第一代计算机网络的发展，人们在 20 世纪 60 年代中期开始研究将多台计算机相互连接的方法。最具代表性的是 1969 年由美国国防部高级研究计划局（DARPA）建成的ARPANET 实验网。最初的 ARPANET 只有 4 个节点，以电话线路作为主干网络，从而形成了早期的计算机网络，其网络结构如图 1-3 所示。

ARPANET 具有资源共享、分散控制、分组交换、专门的通信控制处理机、分层的网络协议等特点，这些特点也是现代计算机网络的基本特征。

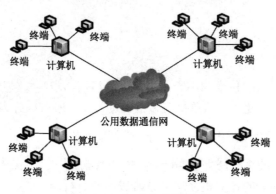

图 1-3　ARPANET 网络结构

到了 20 世纪 70 年代中后期，广域通信网迅速发展，各发达国家的政府部门、研究机构和各大计算机公司都在发展分组交换网络。这些网络实现了计算机之间的远程数据传输及共享，通信线路大多采用电话线路。这些网络也存在不少弊端，其主要问题是各个设备厂家都研发了自己的网络体系结构，提供的网络产品标准难以实现统一，导致设备之间无法互联。

3．互联互通阶段——第三代计算机网络

由于第二代计算机网络没有统一的计算机网络标准，因此普及程度非常低，计算机网络建立体系结构标准化变得十分必要和紧迫。在这种形势的发展下，1977 年，国际标准化组织（ISO）提出了一个标准框架——OSI 参考模型，用来发展开放式系统。1984 年 ISO 正式颁布了网络体系结构的国际标准——开放系统互连参考模型（OSI/RM）。

OSI/RM 即 Open System Interconnection/Reference Model，是一种概念上的网络模型，其作用是规定了网络体系结构的框架，保证不同网络设备间的兼容性和互操作性。

20 世纪 80 年代，随着微型计算机的广泛应用，将小范围内的多台计算机互联以达到资源共享的需求日益增加。例如，为使校园内的多台计算机能够共享资源，或者让实验室内的所有计算机能够与外部计算机共同完成科学项目，部分研究所和大学开始致力于对局域网进行研究。1980 年 2 月，在旧金山成立的国际电气电子工程师协会（IEEE）结合局域网自身的特点，参考 OSI/RM，制定了 IEEE 802 局域网标准，为随后计算机局域网络技术的规范化发展打下了坚实的基础。如图 1-4 所示为第三代计算机网络结构。

4．飞速发展阶段——第四代计算机网络

第四代计算机网络是以 Internet 为主体的高速、智能化的互联网络。经过几十年的发展，计算机网络凸显它的使用价值和良好的应用前景。进入 20 世纪 90 年代，特别是 1993 年美国宣布建立国家信息基础设施（National Information Infrastructure，NII）后，许多国家纷纷制定及建立符合本国需要的 NII，不仅极大地推动了计算机网络技术的发展，也促使计算机网络进入高速发展阶段。如图 1-5 所示为第四代计算机网络结构。

目前，计算机网络正朝着高速化、实时化、智能化、集成化和多媒体化的方向不断深入发展，全球以 Internet 为核心的高速计算机互联网络已经形成，Internet 已经成为人们最重要的、最大的知识宝库。

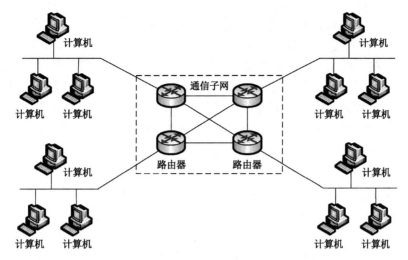

图 1-4　第三代计算机网络结构

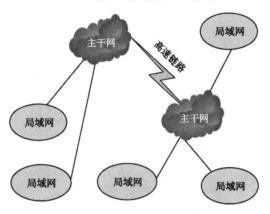

图 1-5　第四代计算机网络结构

1.1.2　计算机网络的发展趋势

计算机网络正在向综合化、智能化、高速化发展，从计算机网络应用来看，网络应用系统将向更深和更宽的方向发展。首先，Internet 信息服务将会得到更大的发展，网上信息浏览、信息交换、资源共享等技术将进一步提高速度、容量及信息的安全性。其次，远程会议、远程教学、远程医疗、远程购物等应用已逐渐成为现实，物联网、云计算、虚拟现实技术的应用也成为网络发展的热门技术。

美国政府于 1993 年提出的"信息高速公路"计划不仅推动了互联网本身的发展，也促进了对下一代互联网的研究。2002 年，各国发起"全球高速互联网 GTRN"计划，积极推动下一代互联网技术的研究和开发。与现在使用的互联网相比，下一代互联网有以下特点。

（1）更大。由于现有 IPv4 地址将在近年迅速耗尽，因此世界互联网发展将受到严重限制。下一代互联网将逐渐放弃 IPv4，启用新版 IPv6。这样，IP 地址的数量将从 2^{32} 增加到 2^{128}，地址资源极为丰富，有人将其形容为世界上每一粒沙子都有一个 IP 地址。网络规模将更大，接入网络的终端种类和数量会更多，网络应用也将更广泛。

（2）更快。主要是指传输速度及传输方式均有明显改变，一是速度更快，二是端到端的传输效率更高。高速强调的是端到端的绝对速度，至少100Mbit/s。至于能高到什么程度，有赖于传输技术的不断发展。目前在固定宽带网络方面，千兆宽带成为大国竞争的新焦点，各个国家纷纷加大了信息基础设施建设力度，甚至超前部署高速宽带网络。2022年6月底，我国已建成全球规模最大、技术领先的网络基础设施，光纤网络接入带宽实现从十兆到百兆、再到千兆的指数级增长，所有地级市全面建成光网城市，千兆光纤用户数突破6100万户。在骨干传输网络方面，全球迈入100Gbit/s时代。当前100Gbit/s干线传输得到广泛认可，进入快速规模部署阶段，各大运营商争相将核心网络与干线网络从10Gbit/s、40Gbit/s升级到100Gbit/s。超100Gbit/s技术曙光已现，400Gbit/s技术正加速从实验室到现网测试，乃至加快规模商用的进程。2021年9月，全长1970千米的中国电信上海—广州的G.654.E光纤项目工程正式建成，在测试阶段400Gbit/s系统实现了全程无电中继传输。

（3）更安全。随着计算机网络和人们生产、生活的紧密结合，尤其是全球化国际互联网的迅速发展，网络面临的安全问题日益突出。网络攻击手段日趋复杂，攻击频率日益频繁，攻击规模日益庞大，黑客呈现出规模化、组织化、产业化等发展特点，各类网络攻击事件对全球经济社会发展造成的影响越来越大。例如，新型的社交软件已经成为网络犯罪的"重灾区"，网络犯罪数量年年持续递增，影响越来越大。通过网络窃取数据事件频繁发生，社会破坏性越来越严重，对保障个人隐私、商业秘密和各国安全都造成了极大影响。随着互联网向物联网领域的拓展，网络安全问题延伸到经济社会等各个领域。未来，网络安全问题将无处不在。因此，加强网络空间治理、打击网络犯罪、携手共同应对全球网络安全问题，已经成为世界共同发展的重要议题。目前，计算机网络因为种种原因，在体系设计上有一些不完善的地方，下一代互联网将在建设之初就从体系设计上充分考虑安全问题，使网络安全的可控性、可管理性大大增强。例如，IPv6因地址空间巨大，在应对部分安全攻击方面具有天然优势，在可溯源性、反黑客嗅探能力、邻居发现协议、安全邻居发现协议及端到端的IPSec安全传输能力等方面提升了网络安全性，攻击者滥用IP网络发动攻击的行为也会被大大遏制。

进入21世纪，云技术、人工智能、虚拟现实技术、物联网、量子通信技术的广泛应用，对人们的生产、生活产生了深远的影响。计算机网络在这些新技术的推动下也进入了一个新的高速发展阶段，同时呈现出一些新的特点。

（1）计算机网络的移动化。随着计算机网络的不断普及，人们需要更加方便、快捷地使用计算机网络，这就需要网络设备有更好的移动性。尤其是云技术与物联网技术的出现，使得随时随地接入计算机网络成为网络发展的新趋势。云技术包括云计算、云存储等云服务，用户可以把数据存储在提供云服务的运营商的数据中心。只要连接网络，用户就可以随时随地上传或下载数据，可以使用数据中心计算机强大的处理能力来对数据进行专业的处理，如统计、汇总等。而物联网就是物物相连的互联网。在计算机网络的基础上，任何物品之间都可以进行信息交换和通信。例如，当你去市场买东西时，使用网络设备扫描所买的商品就可以知道商品来自什么地方的什么工厂，以及由哪位员工生产出来，并通过什么途径运输到这里等信息。再如，当驾驶员出现错误操作时汽车会自动"报警"，公文包会"提醒"主人忘记带了什么东西，衣服会"告诉"洗衣机对颜色和水温的要求等。移动通信是物联网的基础，云技术与物联网是移动网络上衍生出来的应用。

（2）计算机网络的智能化。现在的计算机网络就是一个智能化的工具，计算机网络在进行信息传输、存储、处理的基础上，通过人工智能技术，可以进行推理、学习、预测和解释，使计算机更加聪明，可以更好地为人们提供服务。比如，使用人工智能技术实现对网络信息的自动化搜索，可以减少用户的查找时间，提升工作效率。当计算机系统接收邮件时，人工智能技术可以进行自动化识别和处理。如果邮件中有敏感词汇存在，则人工智能技术会自行采取措施，阻止邮件进入用户的计算机网络系统，这样就能够有效地确保用户计算机网络系统及其数据的安全。

（3）计算机网络空间的资源化。随着互联网和经济社会的不断融合，网络空间成为继领土、领海、领空、太空之后的第五个战略空间。随着网络空间在经济社会活动中的不断延伸，未来网络空间对经济社会和国家安全的意义将越来越重要，率先掌握网络空间规则制定的国家就可能赢得未来发展的主导权。以中国为代表的发展中国家通过"一带一路"倡议从基础网络的互联互通起步，逐步建立国际海缆和跨境陆地光缆协调发展的国际信息大通道。可以说，网络空间正在深刻地影响着国际关系，未来各国围绕网络空间的争夺将变得更加激烈，各国在网络空间没有硝烟的对抗将长期持续。如何共享互联网应用成果，加强互联网管理，尊重网络空间主权，减少网络空间摩擦，维护网络空间的和平安全，建立网络空间新型大国关系，构建网络空间命运共同体，将成为网络发展面临的新挑战。

伴随着网络技术的飞速发展，以互联网为代表的计算机网络正在全面融入经济、社会、生产和生活的各个领域，引发了社会生产的新变革，开创了人类生活的新空间，同时也带来了新的挑战，已经在深刻地改变着全球经济、社会、安全等各个方面。

1.1.3 我国计算机网络的发展

互联网在 1969 年于美国诞生后，迅速席卷全球，而我国直到 1994 年才正式接入互联网，可以说我国互联网的起步晚了许多。但经过 20 多年的发展，我国互联网已经进入了快速发展的轨道，成为全球网络发展的后起之秀。可以毫不夸张地说，我国互联网的发展创造了一个奇迹，其发展速度在全球各国中居于前列。

1987 年 9 月 20 日，北京市计算机应用技术研究所钱天白教授向世界发出我国第一封电子邮件："Across the Great Wall we can reach every corner in the world"（越过长城，走向世界）。该邮件经意大利到达德国卡尔斯鲁厄大学，揭开了中国人使用互联网的序幕。

1994 年 4 月 20 日，NCFC（中国国家计算机与网络设施）工程通过美国 Sprint 公司连入 Internet 的 64Kbit/s 国际专线，实现了与 Internet 的全功能连接。从此我国正式被国际承认真正拥有全功能 Internet。

20 世纪 90 年代初，我国形成了四大主流网络体系：中国科学院的中国科学技术网（CSTNET）、国家教育部的中国教育和科研网（CERNET）、原邮电部的中国公用计算机互联网（CHINANET）和原电子部的金桥信息网（CHINAGBN）。1997 年 10 月，我国实现了四大网络的互联互通，从此我国互联网进入了一个飞速发展的阶段。

经过几十年的发展，我国互联网应用取得了令全球瞩目的成绩。不仅在用户规模、网上信息资源等方面位居世界前列，而且在互联网产业规模、吸引外资等方面也硕果累累，不断有互联网企业上市，吸引着全球投资者的眼球，使他们不得不重新认识中国互联网的力量。中国互联网络信息中心（CNNIC）发布的《中国互联网络发展状况统计报告》显示，截至 2021 年 12 月，我国网民规模达 10.32 亿人，互联网普及率达 73.0%。在网络基础资源方面，我国域名总数达 3593 万个。其中，".CN"域名数量为 2041 万个，占我国域名总数的 56.8%；IPv4 地址数量为 39249 万个；已申请获得 63052 个网络号为 32 位的 IPv6 地址块，每块地址可提供大约 2^{96} 个有效地址，IPv6 活跃用户数达 6.08 亿个。在信息通信方面，5G 网络建设稳步推进，移动电话基站总数达 996 万个。其中，4G 基站有 590 万个，5G 基站有 142.5 万个。加速建设宽带网络，我国互联网宽带接入端口数量达 10.18 亿个。其中，光纤接入（FTTH/O）端口达 9.6 亿个，光缆线路总长度达 5488 万千米。具有全国影响力的工业互联网平台已经超过 150 个，接入设备总量超过 7600 万台套，全国在建"5G+工业互联网"项目超过 2000 个，工业互联网和 5G 在国民经济重点行业的融合创新应用不断加快。

我国互联网不仅在商业模式上不断创新，而且公共服务的信息化水平也在显著提升，让人们在共享互联网发展成果上拥有了更多获得感。从 2013 年起，我国网络零售规模已连续多年位居全球第一，成为全球最大的网络零售市场，有力推动了消费"双循环"。截至 2021 年 12 月，在线办公、在线医疗用户规模分别达 4.69 亿人和 2.98 亿人，成为用户规模增长最快的两类应用。这些新业态持续发展，有效缓解了区域发展的鸿沟问题，让更多的人不断从网络经济、社会和文化中获得利益和满足。我国网络支付用户规模达 9.03 亿人，网络支付通过聚合供应链服务，辅助商户精准推送信息，助力我国中小企业数字化转型，推动数字经济发展。数字货币试点进程全球领先，2020 年中央人民银行已在深圳、苏州等多个试点城市开展数字人民币红包测试，取得阶段性成果。未来，数字货币将进一步优化功能，覆盖更多消费场景，为人们提供更多数字化生活便利。

这些发展都彰显了我国在互联网领域的不断创新，但是在网络发展过程中的短板也使我国网络技术的发展面临严峻的挑战，其中网络核心技术的缺乏一直是我国网络技术发展面临的重要难题。网络的核心技术，比如芯片、操作系统等，一直掌握在国外发达国家手中，我国不能在这些方面秉承"拿来主义"的宗旨，否则我国的互联网发展无法从量变到质变。所以，在网络核心技术上要尽快走出困境，我国才能占领未来网络发展的制高点，最终从网络大国走向网络强国。

参考链接

5G 技术是第五代移动通信技术的简称，是在 4G 技术基础上的延伸。4G 技术以人的通信为主，而 5G 技术致力于在人、网、物之间实现联通，构建高速、移动、安全、泛在的新一代信息基础设施。5G 技术采用全新的基础架构和技术标准，可以实现更高的可靠性和稳定性，为关键应用场景提供更加安全可靠的保障。5G 技术的高速率是其独特的优势之一，最高可达 10Gbit/s，是 4G 技术速率的几十倍；5G 技术的延迟只有毫秒级别，是 4G 技术延迟时间的几十分之一，极大地提高了实时通信的效率，为智能制造、智能交通等领域提供了更好的支持。另外，5G 支持数百万个设备同时在线，为物联网的发展提供了有力的支持。

我国的移动通信技术从 1G 时代的缺席、2G 时代的跟随、3G 时代的加速追赶、4G 时代的跟跑并跑，实现了到 5G 时代并跑领跑的重大转变。"5G 领先"一方面源于我国顶层设计的宏观布局，另一方面来自于企业层面的创新能力和先发优势。

互联网、移动互联网的发展极大推动了信息化进程；物联网、车联网、工业互联网、卫星互联网、能源互联网等进一步推动信息化向纵深发展。5G 通信技术继续拓展工业、服务业、农业等传统领域的数字化、网络化、智能化空间，成为实现新的产业增长的重要推动力。5G、6G 移动通信，还将深刻影响生产力的关系和经济运行机制，为我国经济高质量发展开辟更大空间。

1.2 计算机网络的定义和功能

从计算机网络的发展过程我们可以看出，从 20 世纪 50 年代到现在，在短短几十年的时间里，从最早只能互通的单机系统到现在互联、互通、高速、智能化的计算机网络，从早期只有专业人员才能使用的昂贵系统，到现在系统成为普通人生活不可或缺的组成部分，计算机网络在形式、内容、组成上伴随着技术的不断进步而发生着变化。

1.2.1 计算机网络的定义

计算机网络是利用通信设备和线路，将处在不同地理位置、操作相对独立的多台计算机系统连接起来，在功能完善的网络软件（网络操作系统、网络协议和网络应用软件等）的协调下，实现网络资源共享的系统。

计算机网络具有如下特征。

（1）计算机设备之间需要用通信设备和传输介质互联。

（2）计算机设备之间使用统一的规则即网络协议来交换信息。

（3）以实现资源共享和数据通信为主要目的。

1.2.2 计算机网络的组成

从系统功能角度来看，计算机网络由通信子网和资源子网两部分组成。通信子网一般由通信设备、网络介质等物理设备及其软件构成，提供网络通信功能。资源子网是网络中实现资源共享的设备和软件的集合，主要负责全网的信息处理，为用户提供各种网络资源及网络服务，如图 1-6 所示。

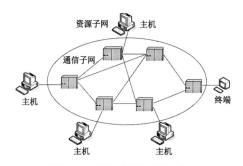

图 1-6 通信子网和资源子网

对于局域网来说，通信子网由网卡、线缆、中继器、网桥、集线器、交换机、路由器等设备和相关软件（如协议）组成。资源子网由联网的服务器、工作站、共享打印机等相关设备，以及网络操作系统、网络应用软件等组成。

1.2.3 计算机网络的功能

计算机网络在整个社会经济发展、娱乐休闲、科技教育等方面都发挥着积极的作用。归纳起来，计算机网络的功能包括以下 5 个方面。

1. 资源共享

"资源"是指计算机网络中所有的软件、硬件和数据。"共享"是指计算机网络中的用户能够部分或全部共享这些资源。资源共享使得普通用户能够共享网络中分散在不同地理范围内的各种资源，极大地提高了系统资源的利用率，不仅方便了网络用户，而且节约了资金。硬件资源共享最典型的例子就是打印机共享，网络中的用户共同使用一台打印机进行文件打印。软件资源共享常见的例子是用户可以通过网络登录远程计算机并运行该计算机上的软件，之后返回结果，如在线翻译等。数据资源共享的典型例子就是数据库共享，如打开 QQ 软件时自动从服务器获取好友名单、视频点播等。

2. 数据通信

计算机网络的基本功能之一就是计算机之间能够快速、可靠地传递信息。数据通信不局限于一个小的网络，而是一个覆盖范围很大的网络，即使相隔很远，甚至不同国家的计算机用户之间也能够交换信息。例如，通过 Internet 世界各地的用户都能够实现彼此通信。

3. 负载均衡

负载均衡是指工作被均匀地分配给网络中的各台计算机进行处理，这样就减轻了单台计算机的工作负荷，提高了工作效率。负载均衡主要应用于服务器集群系统中，网络控制中心负责分配和检测，当某台计算机的任务过重时，系统会通过网络将部分工作转交给较"空闲"的计算机去处理，使资源得到合理调整。

4. 分布式处理

分布式处理也可以认为是一种并行处理形式。分布式处理系统将不同地点的，或者具有不同功能的，或者拥有不同数据的多台计算机用通信网络连接起来，在控制系统的统一管理下，协调地完成信息处理任务。例如，一个综合性的大型课题，可以采用合适的算法将课题分为许多小课题，分散到网络中不同的计算机上进行处理，之后集中起来，使问题得到快速解决。

5. 提高计算机的可靠性

在计算机网络中，当某个设备（通信线路或计算机等）发生故障时，可利用其他设备来完成数据的传输或将数据复制到其他系统内代为处理，以保证用户的正常操作。例如，当数据库中的信息丢失或遭到破坏时，可调用另一台计算机中备份的数据库来完成数据处理工作，并恢复遭到破坏的数据库，从而提高系统的可靠性和可用性。

1.3　计算机网络的分类

计算机网络种类繁多、性能各异，根据不同的划分原则，可以分为不同类型的计算机网络。下面从不同的角度对计算机网络的类型进行介绍。

1.3.1　按网络的地理覆盖范围分类

虽然计算机网络类型的划分标准各种各样，但按地理覆盖范围分类是一种人们都认可的通用网络划分标准，它可以很好地反映不同类型网络的技术特征。

按地理覆盖范围的不同，可以将计算机网络分为局域网、城域网和广域网 3 种类型。

1. 局域网

局域网（Local Area Network，LAN）是限定在一定地理区域内（如一幢大楼、一所学校、一个小区）的网络，其覆盖范围一般在几十千米以内，由互相连接的计算机、打印机、网络连接设备和其他在短距离间共享硬件、软件资源的设备组成。局域网数据传输速度快、可靠性高、误码率低，通常属于某个单一组织，并由该组织维护和管理。

2. 城域网

城域网（Metropolitan Area Network，MAN）的规模介于局域网与广域网之间，地理范围从几十千米到上百千米，一般指覆盖一座城市的网络，主要用于政府机构和商业网络。城域网的连接距离比局域网的连接距离更远，连接的计算机数量更多，从某种程度上可以认为是局域网在地理范围上的延伸。

城域网的设计目的是满足几十千米范围内的大量企业、机关与社会服务部门的计算机联网需求。它是以光缆通信设施为基础，实现语音、数据、图像和视频等多种信息高速传输的综合信息网络。例如，大型企业（集团）、电信部门、有线电视台和政府构建的专用网络和公用网络。

3. 广域网

广域网（Wide Area Network，WAN）也称远程网，覆盖范围通常为数百千米到数千千米，甚至数万千米，可以是一个地区或一个国家，甚至是世界几大洲或整个地球。目前，应用和连接范围最广的因特网（Internet）从网络技术角度来看就属于广域网的范畴。当然，广域网不仅限于因特网，分布在不同城市，甚至不同国家的公司网络互联后形成的网络也属于广域网。

广域网地理位置分布广，使得单独建设一个广域网的成本非常高，因此通常使用电信部门或其他提供通信服务的经营部门建设的传统公共传输网络来实现数据传输，并由其管理和控制。由于广域网传输介质复杂（如卫星、电话线等）、传输距离远，因此数据的传输速率较低且误码率较高。

广域网的主要作用是提供公共服务，不过也有提供专用服务的，如由某大型企业分布在各地的多家分支机构、合作伙伴和供应商网络互联后形成的大型网络。

1.3.2 按网络的管理方式分类

1．对等网

对等网通常是由很少几台计算机组成的网络。对等网采用分散管理的方式，网络中的每台计算机既作为客户机，又作为服务器，每个用户都要管理自己计算机上的资源，所有的主机在网络中处于一种对等的地位。

2．客户机/服务器网络

客户机/服务器网络，常被称为 C/S 网络。它的管理工作集中在运行特殊网络操作系统与服务器软件的计算机上，这台计算机被称为服务器。服务器可以验证登录网络用户的用户名和密码的相关信息，处理客户机的请求，为客户机执行数据处理任务并提供信息服务。

1.3.3 按网络的传输介质分类

按网络传输介质的不同，可以将网络分为有线网络和无线网络。

1．有线网络

有线网络是采用看得见、摸得着的线缆（同轴电缆、双绞线、光纤等）作为传输介质，将计算机及相关设备进行连接，以实现计算机之间数据通信的网络。目前，大多数计算机网络都以有线网络为主。

有线网络具有以下优点。

（1）工程造价低：实现方法较为简单，网络设备价格相对较低。

（2）传输速率高：超五类双绞线可以提供 1000Mbit/s 的传输速率，光纤的传输速率可以达到 10Gbit/s。而目前无线网络的传输速率理论上虽然也可达到 1000Mbit/s 以上，但在实际使用中，多种因素会使传输速率受到很大的影响。

（3）传输距离远：双绞线的有效传输距离通常为 100m，而单模光纤的传输距离可达到 100km。

（4）受外界干扰小：随着外界干扰强度的增大和传输距离的增加，无线网络提供的通信速率会越来越低，直至无法通信。光纤则不受外界电磁信号的影响，传输速率和传输距离都不会因此而改变。

2．无线网络

无线网络采用无线通信技术实现数据传输，与有线网络最大的区别是传输介质不同。无线网络用无线电磁波代替有线电缆，提供传统有线网络的功能。无线网络作为一种简单、便捷的接入方式，随着其成本的不断下降，越来越受到人们的青睐。

无线网络具有以下优点。

（1）部署灵活：无线网络的组建、配置和维护都较为容易，可以免去或最大限度地减少有线网络布线的难度和工作量，一般只要安装一个或多个接入点设备，就可以建立覆盖整个区域的局域网络。利用网络设备还可以将无线网络与有线网络无缝集成。

（2）建设速度快：无线网络安装的主要工作是架设天线和安装联网设备，由于无线设备集成化程度高，因此安装工程量较小，建设周期短。

（3）网络扩展性能相对较强：无线网络突破了有线网络的限制，用户可以随时随地通过无线信号接入网络，在访问信息时会变得更加高效和便捷，而且提升了网络的使用效率。

与有线网络相比，无线网络还有很多不足之处。比如，无线通信受外界环境影响较大、传输速率不高，并且在通信安全方面也劣于有线网络。所以，在大部分局域网建设中还是以有线通信方式为主，无线通信作为有线通信的补充，而不是替代。

1.3.4　按网络的传输技术分类

网络所采用的传输技术决定了网络的主要技术特点，可以将网络分为广播式传输网络和点对点传输网络。

1．广播式传输网络

网络中的所有节点通过一条共享的通信介质连接起来，当任意一个节点发送信息时，网络中的所有节点都会接收并处理这个信息。由于发送的信息中带有目的地址与源地址，因此接收到该信息的节点将检查目的地址是否与本节点的地址相同。如果相同，则接收该信息；否则，将丢弃。

如果一个广播域中的节点数量过多，任何主机发送的广播都会扩散到整个区域，就会引起广播泛滥，影响正常网络通信。广播技术很好地解决了传输介质共享的问题，降低了组网的成本和难度，总线型网络就是典型的广播式网络。

2．点对点传输网络

点对点传输网络由许多互相连接的节点构成，节点之间有一条通信信道，数据以点到点的方式在网络中传输，可独占通信信道，能够获得高速率、高可靠性和稳定的延迟。当一台计算机发送数据分组后，数据将根据目的地址，经过一系列中间设备的转发，到达目的节点。星型网络和网状型网络采用的就是点对点传输形式。

1.4　计算机网络拓扑结构

联网的计算机能够与网络上的其他计算机通信，是因为该计算机与网络上的其他计算机具有物理上或逻辑上直接或间接的连接，不同的连接方式形成不同的计算机网络结构，也决定计算机网络使用不同的联网技术。

在组建计算机网络时，第一个工作就是设计拓扑结构，它对网络的性能、可靠性与通信费用都有较大影响。

1.4.1 网络拓扑结构的概念

在研究计算机网络组成结构时，可以采用拓扑学中的一种研究与大小形状无关的点、线特性的方法，即把工作站、服务器等网络设备抽象为"节点"，把网络中的电缆等通信介质抽象为"线"，这样隐藏了网络的具体物理特性（如距离、位置等）而抽象出节点之间的关系，方便研究。

从拓扑学的观点来看，计算机网络的拓扑结构是指网络中的计算机或设备与传输介质形成的节点与线间的几何排序，用以表示网络的整体结构形状，反映同一个网络中各实体之间的结构关系。

网络的节点有两类：一类是转换和交换信息的转接节点，包括交换机、集线器和路由器等；另一类是访问节点，包括各类计算机设备，它们是信息交换的源节点和目标节点。

1.4.2 网络拓扑结构的类型及特点

网络拓扑结构的类型主要有以下 5 种：总线型、星型、环型、树型和网状型，如图 1-7 所示。

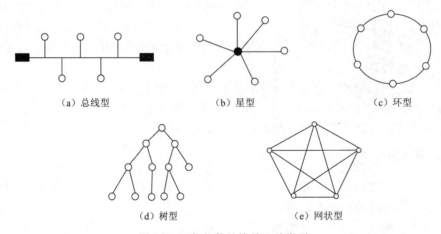

（a）总线型　　　　　（b）星型　　　　　（c）环型

（d）树型　　　　　（e）网状型

图 1-7　网络拓扑结构的 5 种类型

1. 总线型

总线型网络拓扑结构是各个节点和一根总线相连，总线两端需要连接终结器匹配线路阻抗，防止信号反射回总线产生干扰，如图 1-8 所示。网络中所有的节点都通过总线进行信息传输，任意时刻只能有一个节点发送数据，否则会产生冲突，任意一个节点的信息都可以沿着总线向两个方向传输，并被总线中任意一个节点接收。

图 1-8 总线型网络拓扑结构

（1）总线型网络拓扑结构的主要优点：网络结构简单灵活，节点设备的安装、拆卸方便，可扩充性好；所需的电缆数量少，价格相比其他布线方式便宜；网络节点响应速度快，共享资源能力强，设备投入量少。

（2）总线型网络拓扑结构的主要缺点：对通信线路（总线）的故障敏感，任何通信线路的故障都会使整个网络不能正常运行，而且故障的隔离及诊断困难；由于公用一个总线，因此站点间为了协调通信，需要具备复杂的介质访问控制机制；如果网络内连接的计算机数量较多，则会导致网络效率和传输性能降低。

2．星型

星型网络拓扑结构以中央节点为中心，用单独的线路将中央节点与各个节点连接起来，各节点之间的通信必须通过中央节点，中央节点接收信息后再转发给相应节点，如图 1-9 所示。目前中央节点主要采用交换机。

（1）星型网络拓扑结构的主要优点：网络结构简单，便于控制和管理，易扩展；单个连接点的故障只影响一个设备，不会影响全网；每个节点直接连到中央节点，故障容易检测和隔离。

（2）星型网络拓扑结构的主要缺点：由于每个节点与中央节点都需要一条线缆连接，因此线缆使用量大，布线施工成本高，并且通信线路的利用率不高；中央节点负担重，容易成为网络的瓶颈，一旦出现故障会导致整个网络瘫痪，对中央节点的可靠性和冗余度要求高。

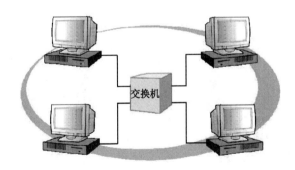

图 1-9 星型网络拓扑结构

3．环型

环型网络拓扑结构中的各节点连接在一条首尾相连的闭合环状线路中，如图 1-10 所示。环型网络中的信息传输是单向的，即沿一个方向从一个节点传到另一个节点，当信息流中的目标地址与环上的某个节点的地址相同时，信息就被该节点接收，之后信息继续流向下一个节点，直到流回发送该信息的节点。

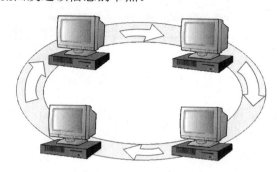

图 1-10　环型网络拓扑结构

（1）环型网络拓扑结构的主要优点：信息流在网络中是沿着固定方向流动的，并且两个节点之间仅有一条路径，结构简单，由此使得路径选择、通信接口管理、软件管理都比较简单，实现起来也比较容易。

（2）环型网络拓扑结构的主要缺点：任何节点的故障均会导致环路不能正常工作，造成整个网络的中断与瘫痪，因此可靠性较差；与总线型网络拓扑结构相似，故障的隔离及诊断困难，目前已有许多方法如建立双环结构等来解决此问题；当节点过多时，会影响传输效率，使网络响应时间变长；在加入新的工作站时必须使环路暂时中断，不利于系统扩充。

4．树型

树型网络拓扑结构是总线型网络拓扑结构的扩展，是在总线型网络上加上分支形成的，其传输介质有多条分支，但不形成闭合回路，也可以把它看成是星型网络拓扑结构的叠加，如图 1-11 所示。树型网络是分级的集中控制式网络，节点按层次进行连接，最上面的根节点通过各级中心节点对网络进行分级管理，信息交换主要在上下节点之间进行。树型结构虽然有多个中心节点，但是各中心节点之间很少有信息流通。

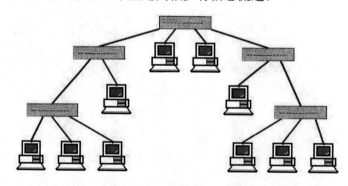

图 1-11　树型网络拓扑结构

（1）树型网络拓扑结构的主要优点：通信线路连接简单，易于扩展，增加新节点和新分支很容易；维护方便，故障易被隔离，某一条分支的节点或线路发生故障，很容易将故障分支或线路与整个系统隔离开来。

（2）树型网络拓扑结构的主要缺点：对根节点的依赖性太强，如果根节点发生故障，则全网不能正常工作。

5．网状型

网状型网络拓扑结构是指网络中各节点与通信线路连接成不规则形状，任意一个节点至少与其他两个节点相连，如图 1-12 所示。广域网一般采用网状型结构，而局域网不常用。

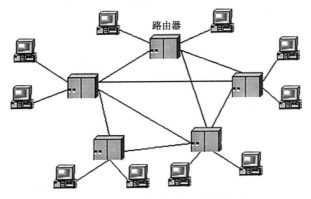

图 1-12　网状型网络拓扑结构

（1）网状型网络拓扑结构的主要优点：由于节点间存在多条传输路径，因此传输效率高，冗余性能好；当某条线路或某个节点出现故障时，不会影响整个网络的正常工作，具有较高的可靠性。

（2）网状型网络拓扑结构的主要缺点：网络结构复杂，在多条传输路径中，必须采用合适的路由算法，选择最佳路径传输；布线难度大，建设成本高，不易管理和维护。

1.5　计算机网络的标准及标准化组织

1．国际标准化组织（ISO）

ISO 成立于 1946 年，是一个全球性的非政府组织，也是目前世界上最大、最有权威性的国际标准化的专门机构。ISO 与 600 多个国际组织保持着协作关系，其主要活动是制定国际标准，协调世界范围的标准化工作，组织各成员国和技术委员会进行情报交流，以及与其他国际组织进行合作，共同研究有关标准化问题。

截至 2021 年 12 月底，ISO 已制定 24121 份国际标准和文件。例如，著名的具有 7 层协议结构的开放系统互连（OSI）参考模型、ISO 9000 系列质量管理和品质保证标准等。

2．美国国家标准协会（ANSI）

ANSI（American National Standards Institute）是成立于 1918 年的非营利性质的民间组织，同时也是一些国际标准化组织的主要成员，如国际标准化委员会和国际电工委员会（IEC）。ANSI 标准广泛应用于各个领域，典型应用有美国标准信息交换码（ASCII）和光纤分布式数据接口（FDDI）等。

3. 电气电子工程师学会（IEEE）

IEEE（Institute of Electrical and Electronics Engineers）成立于 1963 年，由从事电气工程、电子和计算机等有关领域的专业人员组成，是世界上最大的专业技术团体。IEEE 是一个跨国的学术组织，目前其会员人数超过 40 万人，遍布 160 多个国家。IEEE 下设许多专业委员会，其定义或开发的标准在工业界有极大的影响和作用。例如，1980 年成立的 IEEE 802 委员会负责有关局域网标准的制定事宜，制定了著名的 IEEE 802 系列标准，如 IEEE 802.3 以太网标准、IEEE 802.4 令牌总线网标准和 IEEE 802.5 令牌环网标准等。

4. 国际电信联盟（ITU）

ITU（International Telecommunication Union）是在世界各国政府的电信主管部门之间协调电信事务的一个国际组织，它研究和制定有关电信业务的规章制度，通过决议提出推荐标准，收集相关信息和情报，其目的和任务是实现国际电信的标准化。由于 ITU-T 标准可保证各国电信网的互联和运转，因此越来越广泛地被世界各国所采用。

5. 国际电工委员会（IEC）

IEC（International Electrotechnical Commission）成立于 1906 年，至今已有一百多年的历史，它是世界上成立最早的国际性电工标准化机构，负责有关电气工程和电子工程领域中的国际标准化工作。

6. 电子工业协会（EIA）

EIA（Electronic Industries Association）是美国的一个电子工业制造商组织，成立于 1924 年。EIA 颁布了许多与电信和计算机通信有关的标准。例如，众所周知的 RS-232 标准，定义了数据终端设备和数据通信设备之间的串行连接。这个标准在如今的数据通信设备中被广泛采用。在结构化网络布线领域，EIA 与美国通信工业协会（TIA）联合制定了商用建筑电信布线标准（如 EIA/TIA568 标准），提供了统一的布线标准并支持多厂商产品和环境。

7. 美国通信工业协会（TIA）

TIA 成立于 1988 年，是一个全方位的服务性国家贸易组织。其成员包括美国和世界各地提供通信和信息技术产品、系统和专业技术服务的 900 余家大小公司。TIA 是经过美国国家标准协会认可的，可制定各类通信产品标准的组织。TIA 的标准制定部门由 5 个分会组成，它们是用户室内设备分会、网络设备分会、无线设备分会、光纤通信分会和卫星通信分会。

习　题　1

一、填空题

1. 计算机网络的发展经历了＿＿＿＿＿＿＿＿＿＿＿、＿＿＿＿＿＿＿＿＿＿＿、＿＿＿＿＿＿＿＿＿＿＿和＿＿＿＿＿＿＿＿＿＿＿4 个阶段。

2. 1984 年国际标准化组织（ISO）正式颁布了网络体系结构的国际标准＿＿＿＿＿＿＿＿＿＿，其作用是＿＿＿＿＿＿＿＿＿＿＿＿＿＿＿＿＿＿＿。

3. 从系统功能角度看，计算机网络通信子网的主要功能是＿＿＿＿＿＿＿＿＿；资源子网的功能是负责全网的信息处理，为网络用户＿＿＿＿＿＿＿＿＿。

4. 从拓扑学的观点来看，计算机网络的拓扑结构是指网络中的计算机或设备与传输介质形成的＿＿＿＿＿＿与＿＿＿＿＿＿间的几何排序，用以表示网络的＿＿＿＿＿＿＿，反映同一个网络中各实体之间的结构关系。

5. 计算机网络以实现＿＿＿＿＿＿＿＿＿和＿＿＿＿＿＿＿＿＿为主要目的。

6. 计算机网络软件主要包括＿＿＿＿＿＿＿＿＿＿＿、＿＿＿＿＿＿＿＿＿＿＿和＿＿＿＿＿＿＿＿＿。

7. 计算机设备之间使用统一的规则即＿＿＿＿＿＿＿＿＿来交换信息。

8. ＿＿＿＿＿＿＿＿＿是指工作被均匀地分配给网络中的各台计算机进行处理，这样就减轻了单台计算机的工作负荷，提高了工作效率。

9. ARPANET 具有＿＿＿＿＿＿＿、分散控制、＿＿＿＿＿＿＿、专门的通信控制处理机、＿＿＿＿＿＿＿＿＿等特点，这些特点也是现代计算机网络的基本特征。

10. 按地理覆盖范围不同，可以将计算机网络分为＿＿＿＿＿＿＿、＿＿＿＿＿＿＿和广域网 3 种类型。

二、选择题

1. 一座建筑物内的多个办公室要实现计算机联网，该系统属于（　　　）。
   A. 局域网
   B. 城域网
   C. 广域网
   D. 个人区域网

2. 计算机网络的拓扑结构是指（　　　）。
   A. 网络体系结构
   B. 网络逻辑组成
   C. 网络的物理连接形式
   D. 网络协议栈

3. 目前局域网主要采用的拓扑结构是（　　　）。
   A. 总线型
   B. 星型
   C. 网状型
   D. 环型

4. 下列不属于有线网络优点的是（　　　）。
   A. 传输距离远
   B. 传输速率高
   C. 受外界干扰小
   D. 部署灵活

5.（   ）拓扑结构是指网络中各节点与通信线路连接成不规则形状，任意一个节点至少与其他两个节点相连。

    A．星型　　　　　　　　　　　　B．总线型

    C．环型　　　　　　　　　　　　D．网状型

6．目前实际存在与使用的广域网的拓扑结构基本都是（   ）。

    A．总线型　　　　　　　　　　　B．星型

    C．网状型　　　　　　　　　　　D．环型

7．（   ）拓扑结构的网络是以中央节点为中心的，用单独的线路将中央节点与各个节点连接起来。

    A．星型　　　　　　　　　　　　B．总线型

    C．环型　　　　　　　　　　　　D．网状型

8．（   ）拓扑结构中的信息流在网络中是沿着固定方向流动的，而且两个节点之间仅有一条路径。

    A．星型　　　　　　　　　　　　B．总线型

    C．环型　　　　　　　　　　　　D．网状型

9．IEEE 结合局域网自身的特点，参考 OSI/RM 标准，制定了（   ）局域网标准，为计算机局域网络技术的规范化发展打下了坚实的基础。

    A．IEEE 802　　　　　　　　　　B．OSI/RM

    C．TCP/IP　　　　　　　　　　　D．IPX/SPX

10．（   ）地理覆盖范围从几十千米到上百千米，其设计目的是满足几十千米范围内的大量企业、机关与社会服务部门的计算机联网需求。

    A．个人区域网　　　　　　　　　B．城域网

    C．广域网　　　　　　　　　　　D．局域网

三、简答题

1．什么是计算机网络？它具有哪些特征？

2．计算机网络主要有哪些功能？

3．计算机网络按覆盖范围可分为哪几类？说明各自的特点。

4．简述点对点传输网络的技术特点。

5．简述星型网络拓扑结构的定义和优缺点。

第 2 章

数据通信基础

内容摘要

- ◆ 数据通信的基本概念
- ◆ 数据通信系统的模型
- ◆ 数据传输介质
- ◆ 数据传输技术
- ◆ 多路复用技术
- ◆ 数据交换技术
- ◆ 差错控制技术

学习目标

- ◆ 掌握数据通信的基本概念
- ◆ 理解数据通信系统的模型
- ◆ 掌握数据传输介质的特点
- ◆ 掌握各种数据传输技术的特点
- ◆ 理解多路复用技术的原理与应用
- ◆ 理解数据交换技术的概念与方法
- ◆ 了解差错控制编码与方式

素质目标

- ◆ 培养学生对通信系统及相关领域的独立思考能力和持续学习能力
- ◆ 培养学生对事物分析判断的能力
- ◆ 培养学生获取、领会和理解外界信息的能力

◆ 理解通信基础设施对国家经济和国家安全的重要意义，树立为国家信息通信产业服务的理想信念

◆ 培养国家认同感与民族自豪感，为国家通信产业的发展而骄傲

◆ 引导学生注意细节，精益求精，培养具有工匠精神的职业意识

数据通信是计算机技术与现代通信技术相结合而产生的一种新的通信方式和通信业务。数据通信是计算机网络的基础，也是计算机网络的主要功能之一。数据通信依照通信协议，利用数据传输技术在两个功能单元之间传递数据信息。

数据通信技术的基本作用是完成两个实体间数据的交换，实现计算机与计算机、计算机与终端，以及终端与终端间的数据信息的传递。

2.1 数据通信概述

数据通信与传统的语音通信、无线电广播通信不同，它是通信技术和计算机技术相结合而产生的一种新的通信方式，有着区别于其他通信方式的规律和特点。

2.1.1 数据通信的基本概念

1. 数据

数据是用来记录客观事物的性质、形态和特征的符号，可以多种形式存在，数值、文字、图形、声音、图像、视频及动画等都被称为数据。

数据可分为模拟数据和数字数据。模拟数据是指在一定时间间隔内连续变化的值，因为具有连续性，所以可以取无限多个值，如声音、电视图像信号、温度变化等都是连续变化的，均属于模拟数据，其中温度变化如图 2-1（a）所示。数字数据是表现为离散量的数据，只能取有限个数值，如在计算机中用二进制代码表示的字符、图形、音频与视频数据，其中用二进制代码表示的字符如图2-1（b）所示。

2. 信息

信息是按照一定要求以某种格式组织起来的数据。通信的目的就是传输、交换信息，信息要通过某种数据的形式传输到接收端。数据和信息的区别是，数据是传输信息的载体，

是信息的数字化形式，所表示的内容就是信息；信息则是对数据的解释，即对数据蕴含内容的说明。

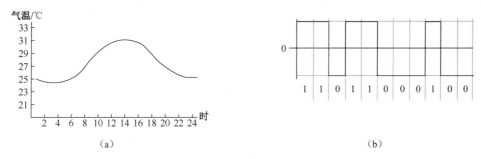

图 2-1 模拟数据和数字数据

3. 信号

信号是数据在传输过程中的电磁波的表示形式，或者称数据的电编码或电磁编码。在数据通信系统中，数据需要转换为信号才可以从一个点传输到另一个点。根据电信号的不同形式，信号可分为模拟信号和数字信号。

模拟信号是在一定范围内可以连续取值的信号，是一种连续变化的电信号（如语音信号），它可以不同频率在介质上传输，如图 2-2（a）所示。数字信号是一种离散的脉冲序列，其取值是有限个数的。它以恒定的正电压/负电压或正电压/零电压表示"1"和"0"，可以不同的位速率在介质上传输，如图 2-2（b）所示。

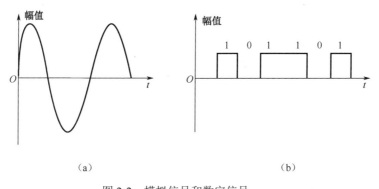

图 2-2 模拟信号和数字信号

在数据通信系统中，信息、数据和信号相互依存又相互独立，通过下面的示例，我们可以深入了解三者之间的关系。

例如，某同学各科平均考试成绩为 99 分，这是一个数据，它蕴含着该同学成绩优秀的信息，如果用高电平表示"1"，低电平表示"0"，则该数据的电编码表示如图 2-3 所示。成绩数据在二进制下表示为 1100011，尽管其形式与 99（十进制数）不同，但它表示该同学"成绩优秀"的信息没有变化。

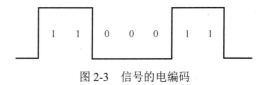

图 2-3 信号的电编码

从上面的表述中可以得出如下结论：数据是信息的载体，信息是数据的内容和解释，而信号是数据的编码。

4. 信道

要在两个实体间传输信息必须通过传输信道将数据终端与计算机连接起来，从而使不同地点的数据终端实现软件、硬件和数据资源的共享。

信道是指两地间传输数据信号的通道，即信号的传输通道，包括通信设备和传输介质。不同的信道用来传输不同的信号，信道不同，信道的物理特性就不同，通信的速率和通信的质量也不同。

信道可以按不同的方法分类。按传输介质可以分为有线信道和无线信道。按使用权限可以分为专用信道和公用信道，其中，专用信道是一种用于连接用户设备的固定电路，由用户自己架设或向电信部门租用，一般应用在短距离和数据传输量比较大的网络中；公用信道也被称为公共交换信道，是通过交换技术为大量用户提供服务的信道，如公共电话交换网。按传输信号的形式可以分为模拟信道和数字信道，模拟信道用于传输模拟信号，数字信道用于传输数字信号。

2.1.2 数据通信系统

1. 数据通信系统的模型

数据通信系统的基本组成一般包括发送端、接收端及收发两端之间的信道三部分，数据通信系统的模型如图 2-4 所示。

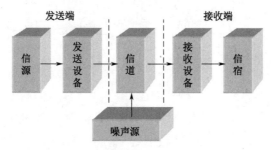

图 2-4 数据通信系统的模型

信源是信息或信息序列的产生源，泛指一切发信者，可以是人，也可以是机器设备，能够产生诸如声音、数据、文字、图像、代码等电信号。信源发出信息的形式可以是连续的，也可以是离散的。

发送设备把信源发出的信息转换成便于传输的形式，使之符合信道传输特性的要求并送入信道的各种设备。发送设备是一个整体概念，可能包括许多电路、器件与系统，如把声音转换为电信号的传声器、把基带信号转换成频带信号的调制器等。

信道是指传输数据信号的通道，包括通信设备和传输介质。

接收设备接收从信道传输过来的信息，并转换成信宿便于接收的形式，其功能与发送设备的功能相反。接收设备也是一个整体概念，可能包括许多电路、器件与系统，如将模拟信号转换为数字信号的解调器等。

信宿是接收发送端信息的对象，可以是人，也可以是机器设备。

信号在信道中传输可能会受到其他信号的干扰，这种干扰被称为噪声。噪声会影响正常信号的传输，对通信系统而言是有害的。噪声既可以来自内部，也可以来自外部，将产生干扰的设备称为噪声源。

2．模拟通信和数字通信

通信系统的基本作用是在发送端（信源）和接收端（信宿）之间传递和交换信息。根据通信系统是利用模拟信号还是数字信号来传递消息的，可以将通信系统分为模拟通信系统和数字通信系统。

模拟通信系统利用模拟信号来传递信息，如普通的电话、广播和电视。模拟通信系统通常由信源、调制器、信道、解调器、信宿及噪声源组成。信源所产生的原始模拟信号一般都在经过调制器后通过信道传输，解调器则将信道上的信号实施逆变换后送达信宿。人们日常使用的拨号上网就是一个模拟通信系统的示例，发送端工作站发送的数据经调制解调器转换为模拟信号后，送到公共电话网上传输，到接收端经调制解调器变换为数字信号后，与服务器通信。模拟通信系统的模型如图 2-5 所示。

图 2-5　模拟通信系统的模型

数字通信系统利用数字信号来传递信息，如计算机通信、数字电话、数字电视等。数字通信系统由信源、信源编码器、信道编码器、调制器、信道、解调器、信道译码器、信源译码器、信宿和噪声源 10 个部分组成。在数字通信系统中，如果信源发出的信号是模拟信号，则要经过信源编码器转换为数字信号；信道编码器对信号进行检错、纠错、编码以实现差错控制；信道译码器实现编码器的逆变换；调制器将信道编码器输出的基带信号调制成频带信号并在信道上传输；解调器的功能正好与调制器的功能相反。数字通信系统的模型如图 2-6 所示。

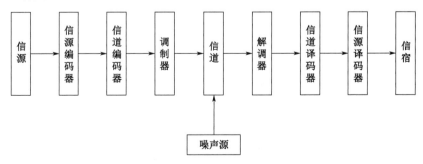

图 2-6　数字通信系统的模型

两种通信系统在远程传输时都会面临信号衰减的问题。模拟传输系统为了实现长距离传输，要用放大器来增强信号中的能量，但同时会使噪声增强，以至于引起信号畸变。数字传输系统的衰减也会影响数据的完整性，数字信号只能在一个有限距离内传输，为了获得更大的传输距离，可以使用中继器。中继器接收衰减了的数字信号，把数字信号恢复为"0""1"的标准水平，之后重新传输新的信号，这样就有效地克服了衰减。

模拟通信在通信系统中曾经占据着主导地位，但随着大规模集成电路技术、计算机技术，以及数字信号处理技术的发展，大多数的模拟通信系统被数字通信系统所取代。究其原因，模拟通信存在保密性差、抗干扰能力弱等缺点，而数字通信有着抗干扰能力强、可以实现信号的差错控制、易加密和解密、传输可靠性高等诸多优点。尽管数字通信也存在着频带利用率低、技术要求复杂等缺点，但由于数字通信的性能远远超越了模拟通信的性能，所以在现在的通信系统中，数字通信系统已经逐步取代了模拟通信系统，成为数据通信的主要发展方向。

2.1.3 数据的编码与调制

在数据通信系统中，数字信道一般只用来传输数字信号，模拟信道一般只用来传输模拟信号。有时也可能需要用数字信道来传输模拟信号，或者用模拟信道来传输数字信号。但数字信号不可能通过为模拟信号设计的传输线路（如电话传输线）传送，反之亦然。这时，我们必须对要传输的数据进行转换，转换为信道可以传送的信号，这就需要编码或调制，使之与传输介质相适应，才能够正确无误地传送到目的端。

用数字信号承载数字数据或模拟数据，称为编码。用模拟信号承载数字数据或模拟数据，称为调制。

一般来说，有4种传输数据的方法。

数字数据的数字信号编码：把数字数据转换成某种数字脉冲信号，常见的主要有不归零编码和曼彻斯特编码。

模拟数据的数字信号编码：一般通过脉冲编码调制方法将模拟数据转换为数字信号，常用于对声音信号的编码。

数字数据的模拟信号调制：有3种常用的调制技术，分别是幅移键控法、频移键控法、相移键控法。

模拟数据的模拟信号调制：最常用的两种调制技术是幅值调制和频率调制。

2.1.4 数据通信的常用术语

1. 码元

码元是对网络中传输的二进制数字每一位的通称，也常称为"位"或bit。例如，字母A的ASCII码是1000001，可认为由7个码元组成，共有7位。

2．噪声源

一个通信系统不可避免地存在噪声干扰，为了方便研究问题，可以把它们等效于一个作用于信道上的噪声源。

3．信道容量

信道容量是指信道能传输信息的最大能力，一般以单位时间内最大可传输信息的位数表示。在使用中，信道容量应大于传输速率，否则高的传输速率得不到充分利用。

4．响应时间

响应时间是指从发送一条信息到收到回答的时间。

5．数据传输速率

数据传输速率是指通信线上传输信息的速度。有两种表示方法，即信号速率和调制速率。信号速率 S 是指单位时间内所传输的二进制代码的有效位数，以每秒多少比特数来计算，即 bit/s。调制速率 B 是脉冲信号经过调制后的传输速率，以波特（Baud）为单位，通常用于表示调制器之间传输信号的速率。

6．差错控制

字符代码在传输、接收过程中难免会发生错误，如何及时自动检测差错并进一步自动校正，是数字通信系统研究的重要课题，通常的解决办法是采用检错码和纠错码。

2.1.5　数据通信的主要技术指标

在模拟通信中，常使用带宽和波特率分别描述通信信道传输能力和数据信号对载波的调制速率；在数字通信中，一般使用比特率和误码率分别描述数据信号的传输速率和传输质量的好坏。

1．带宽

在模拟信道中，常用带宽表示信道传输信息的能力，带宽即传输信号的最高频率与最低频率之差。例如，一条传输线路可以传输的信号频率范围为 600～1800Hz，那么该传输线路的带宽为 1200Hz。理论分析表明，模拟信道的带宽或信噪比越大，信道的极限传输速率越高。这也是努力提高通信信道带宽的原因。

2．波特率

波特率是指数据信号对载波的调制速率，用单位时间内载波调制状态改变次数来表示，单位为波特。波特率与比特率的关系：比特率=波特率×单个调制状态对应的二进制位数。

3．比特率

在数字信道中，比特率是数字信号的传输速率，用单位时间内传输的二进制代码的有效位（bit）数来表示，单位为每秒比特数（bit/s）、每秒千比特数（Kbit/s）或每秒兆比特数（Mbit/s）。

4．误码率

误码率是指在数据传输中的错误率，以在接收的码元中的错误码元占总传输码元的比例来衡量。在计算机网络中一般要求数字信号误码率低于 10^{-6}。

2.2　数据传输介质

人们在构建网络时，都会充分考虑网络的构建成本。网络工程中最大的工程量就是网络布线。在网络布线工程中，需要使用大量的数据传输介质，选择不恰当的数据传输介质会给整个工程带来很大的浪费，并且影响工程质量及提高工程造价，因此数据传输介质的选择是网络工程中非常重要的环节。

2.2.1　数据传输介质的基本概念

数据传输介质是指传送信息的载体，是通信网络中发送端和接收端之间的物理通路。因此，数据传输介质也被称为数据传输媒体、数据传输媒介或数据传输线路。不同的数据传输介质对网络的传输速率、传输距离、抗干扰性、成本、可连接的节点数目及传输的可靠性等方面都有很大的影响，必须根据不同的通信要求，合理地选择数据传输介质。

1．数据传输介质的分类

数据传输介质分为有线介质和无线介质两大类。网络中常用的有线介质是双绞线、同轴电缆和光纤，常用的无线介质是无线电波、微波和红外线等。

2．数据传输介质的特性

数据传输的质量除与传送的数据信号及收发两端的设备特性有关外，还直接与通信线路本身的机械和电气特性有关，这些特性主要包括以下 5 个方面。

（1）物理特性：指传输介质的特征。

（2）传输特性：指传输信号调制技术、信道容量及传输的频带范围。

（3）覆盖地理范围：指在不用中继设备的情况下，无失真传输所能达到的最大距离。

（4）抗干扰特性：指防止噪声对传输信息影响的能力。

（5）价格：指线路安装、维护等费用总和。

2.2.2　双绞线

双绞线（Twisted Pair）是最常见的网络传输介质之一，如图 2-7 所示，被广泛应用于电话通信网络和数据通信网络。双绞线的核心是相互绝缘并缠绕在一起的不同颜色的细芯铜导线对，通常由两对或更多对这样缠绕在一起的导线组成，依靠相互缠绕（双绞）作用来消除或减少外界及导线之间产生的电磁干扰（EMI）和射频干扰（RFI）。

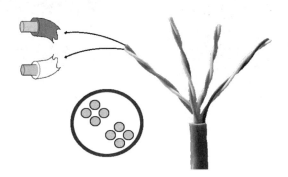

图 2-7　双绞线

双绞线是一种柔性的通信电缆，非常适合在墙内、转角等位置布线。双绞线与适合的网络设备相连，可以实现 100Mbit/s 或更快速度的网络通信。在大多数应用下，双绞线的最大布线长度为 100m，但按通常的经验，考虑网络设备和配线架要额外布线，所以双绞线的布线长度最好控制在 90m 以内。

根据是否有屏蔽层，双绞线可分为屏蔽双绞线和非屏蔽双绞线。

1．屏蔽双绞线

屏蔽双绞线（Shielded Twisted Pair，STP）由成对的绝缘实心电缆组成，在实心电缆上包围着一层用金属丝编织的屏蔽层，如图 2-8 所示。屏蔽层减少了由 RFI 和 EMI 引起的对通信信号的干扰。虽然将一对电线缠绕在一起也有助于减少 RFI 和 EMI，但在一定程度上不如屏蔽层的效果好。要更有效地减少 RFI 和 EMI，每一对电线交织的距离必须是不同的。

在使用屏蔽双绞线布线时，为了获得最好的效果，要求整个系统必须全部采用屏蔽器件，包括电缆、插头、插座和配线架等。如果线材上某点的主要屏蔽层有损伤，则信号的畸变就会很严重。还有一个重要因素是系统要正确接地，以获得可靠的传输信号控制点。当周围有重型电力设备或强干扰源时，推荐使用屏蔽双绞线。屏蔽双绞线、屏蔽型插头连同兼容的网络设备价格相对较高，安装也要比非屏蔽双绞线困难，所以成本相对较高。

2．非屏蔽双绞线

非屏蔽双绞线（Unshielded Twisted Pair，UTP）也就是人们平时所用的网线，其价格相对低廉且易于安装，是人们在局域网组网布线时使用最多的网络电缆。UTP 由位于绝缘保护层内的成对的电缆线组成，缠绕在一起的绝缘电线和电缆外部的套之间并没有屏蔽层，如图 2-9 所示。因为没有屏蔽层，所以非屏蔽双绞线的抗干扰性比屏蔽双绞线的抗干扰性差，但是非屏蔽双绞线直径小、重量轻、易弯曲、易安装、成本低，因此网络中大量使用非屏蔽双绞线作为传输介质。

双绞线的技术标准主要由电子工业协会/电信工业协会（EIA/TIA）制定。1991 年，电子工业协会/电信工业协会联合发布了 EIA/TIA-568 标准，它的名称是《商用建筑物电信布线标准》，该标准规定了非屏蔽双绞线工业标准。随着局域网数据传输速率的不断提高，布线标准也在不断更新，目前应用最广的是 EIA/TIA-568B 标准。

图 2-8　屏蔽双绞线

图 2-9　非屏蔽双绞线

　　UTP 按照电气性能划分，通常可分为一类线、二类线、三类线、四类线、五类线、超五类线、六类线和超六类线等类型。常用非屏蔽双绞线的特点如表 2-1 所示。

表 2-1　常用非屏蔽双绞线的特点

类　型	最高传输频率	最高传输速率	主　要　应　用
一类线	750kHz	20Kbit/s	主要用于传输语音
二类线	1MHz	4Mbit/s	语音传输和4Mbit/s的令牌网
三类线	16MHz	10Mbit/s	语音传输和10Mbit/s的以太网
四类线	20MHz	16Mbit/s	语音传输、令牌网和100Mbit/s的以太网
五类线	100MHz	100Mbit/s	语音传输和100Base-T的以太网
超五类线	200MHz	1000Mbit/s	语音传输、百兆位的快速以太网及千兆位以太网
六类线	250MHz	2.4Gbit/s	语音传输、百兆位的快速以太网及千兆位以太网
超六类线	500MHz	10Gbit/s	用于千兆位以太网及万兆位以太网

3．网络连接电缆的制作

　　将双绞线两端连接 RJ-45 接口，就成为了一条网络连接电缆。制作网络连接电缆是人们连接网络最基本的工作之一。要制作网络连接电缆，首先需要了解制作网络连接电缆所需要的材料和工具。

　　（1）线缆。

　　制作网络连接电缆，要准备 UTP 线材，目前广泛使用的是超五类的双绞线。现在市场上的普通线材大多采用硬质纸盒包装（工程用线也有无包装的散装线材），外包装上标识着线材的品牌、型号、阻抗、线芯直径等技术参数。通常，一盒线材的长度为 1000 英尺，约305m。

参考链接

　　在线材上，每隔一段距离就会有一些文字标识，用来描述线材的技术参数，不同生产商的文字标识可能略有不同，但一般应包括以下一些信息：双绞线的生产厂商和产品编码、双绞线类型、NEC/UL 防火测试和级别、CSA 防火测试、长度标志和生产日期等。下面用一个示例来介绍双绞线上的标识。

　　"AMP NETCONNECT CATEGORY 5e CABLE E13804 1300 24AWG CM（UL）CMG/MPG（UL）VERIFIED TO CAT 5 000088022FT 0927"

AMP NETCONNECT 为线缆生产厂商标识，此示例生产厂商为安普公司。

CATEGORY 5e CABLE 表示该双绞线属于 CAT E5 类，即超五类线材。

E13804 1300 为电缆产品型号。

24AWG 说明双绞线是由 24AWG 直径的线芯构成的。铜电缆的直径通常用 AWG（American Wire Gauge）单位来衡量，AWG 数值越小，电缆直径越大，常见的有 22、24、26 等。

CM（UL）CMG/MPG（UL）说明线材属于通信通用电缆，CM 是 NEC（美国国家电气规程）中防火耐烟等级中的一种，UL 说明双绞线满足 UL（Underwriters Laboratories Inc.，保险业者实验室）的标准要求。UL 成立于 1984 年，是一家非营利性的独立组织，致力于产品的安全性测试和认证。

VERIFIED TO CAT 5 表示通过五类线的测试标准。

000088022FT 表示当前位置，以英尺为单位，1 英尺等于 0.3048m。

0927 为生产日期，其中前两位为年份，后两位为星期，本示例表示该线缆的生产日期为 2009 年第 27 周。

（2）RJ-45 接口。

RJ（Registered Jack）这个名称代表已注册的插孔，来源于贝尔系统的通用服务分类代码（Universal Service Ordering Codes，USOC），USOC 是一系列已注册的插孔及其接线方式，由著名的贝尔公司开发，用于将用户的设备连接到公共网络。

RJ-45 是当前在局域网连接中最常使用的网络接口，如图 2-10 所示。以与线材接压简单、连接可靠著称。常见的应用场合有以太网接口、ATM 接口及一些网络设备（如 Cisco）的控制口（Console）等。

RJ-45 接口使用透明塑料材料制作，由于其外观晶莹透亮，因此常被称为"水晶头"。RJ-45 接口具有 8 个铜制引脚，在没有完成压制前，引脚凸出于接口，引脚的下方是悬空的，有 2～3 个尖锐的突起，如图 2-11 所示。在压制线材时，引脚向下移动，尖锐部分直接穿透双绞线铜芯外的绝缘塑料层与线芯接触，能够很方便地实现接口与线材的连通。有一个需要特别注意的地方是，没有压制的 RJ-45 接口的引脚与插座接触部分还处于凸出的状态，因此严禁将没有制作的 RJ-45 接口插入 RJ-45 插座中，否则会造成接口损坏。

图 2-10 RJ-45 接口

图 2-11 RJ-45 接口引脚

（3）压线钳。

为了制作网络连接电缆，还要准备几种工具，压线钳是其中之一，如图 2-12 所示。压线钳规格、型号很多，分别适用于不同类型接口与电缆的连接，通常用 *XPYC* 的方式来表示

（其中 X、Y 为数字），P（Position）表示接口的槽位数量，常见的有 8P、4P 和 6P，分别表示接口有 8 个、4 个和 6 个引脚凹槽；C（Contact）表示接口引脚连接铜片的数量。例如，人们常用的标准网线接口为 8P8C，表示有 8 个凹槽和 8 个引脚。常用的电话通信电缆接口为 4P2C，表示有 4 个凹槽和 2 个引脚。在制作电缆前要根据实际情况选择合适的压线钳。

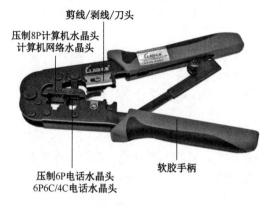

图 2-12　压线钳

在确定了选用的双绞电缆、接口和工具后，还需要注意双绞电缆有多种不同的类型，分别适用于不同的场合，应根据实际需求制作。网络连接电缆可以分为 3 类，即直通缆、交叉缆和全反缆，分别适用于不同设备接口之间的连接。直通缆，顾名思义，两端的线序是一致的；交叉缆两端的线序不同，一端的引脚 1 与引脚 2 分别连接对端的引脚 3 和引脚 6；而全反缆两端的线序正好完全相反。EIA/TIA-568A 与 EIA/TIA-568B 接口线序如表 2-2 所示，不同网络电缆的适用场合如表 2-3 所示。

表 2-2　EIA/TIA-568A 与 EIA/TIA-568B 接口线序

标准类型	1	2	3	4	5	6	7	8
EIA/TIA-568A	白绿	绿	白橙	蓝	白蓝	橙	白棕	棕
EIA/TIA-568B	白橙	橙	白绿	蓝	白蓝	绿	白棕	棕

表 2-3　不同网络电缆的适用场合

电缆类别	标准接口线序	适用场合
直通缆	EIA/TIA-568A—EIA/TIA-568A EIA/TIA-568B—EIA/TIA-568B	计算机—集线器、计算机—交换机、路由器—集线器、路由器—交换机、集线器/交换机（Uplink 级联口）—集线器/交换机
交叉缆	EIA/TIA-568A—EIA/TIA-568B	计算机—计算机、路由器—路由器、集线器—集线器、交换机—交换机、集线器—交换机
全反缆	—	Cisco 等网络设备控制口专用

为了方便记忆，可以认为计算机与路由器是一类设备、集线器与交换机是一类设备，同类设备相连使用交叉缆，不同设备相连使用直通缆，而 Uplink 级联口是为了方便连接设备、简化布线过程，在接口电路内部已经进行了转换。因此，Uplink 级联口与普通接口相连，即使是同类设备也可以使用直通缆，如图 2-13 所示。随着自动识别线序功能的完善和普及，专用 Uplink 级联口已经基本消失。交换机等设备可以通过普通端口进行级联，实现多台交换机之间的互联。

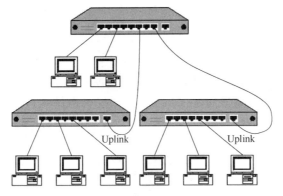

图 2-13　Uplink 级联口与普通接口相连

（4）网络连接电缆的制作过程。

① 利用压线钳的剪线口剪下所需长度的双绞线，用剥线口将双绞线的外护套除去 2.5cm 左右。

② 小心地拆开每一对线芯，按照规定的线序将拆开的线芯排列起来，注意排列好的线芯尽可能地不发生缠绕，否则在将线芯插入 RJ-45 接口时容易发生线芯移位而造成线序错误。

③ 将排好线序的线芯拉直，排列整齐，并仔细检查线序是否正确。

④ 将整理好的线芯用压线钳的剪线口修剪剩约 14mm，留下这个长度是为了符合 EIA/TIA 的标准，可以保证在线芯插入正确位置后，外层护套能够被 RJ-45 后端的护套卡口固定住，保证在插拔线材时纤细的内芯不会因受力而损坏。

⑤ 将线芯插入 RJ-45 接口，注意此时 RJ-45 接口正面朝上（接口铜制引脚露出部分应朝上方和外侧），并确定每一根线芯都插入接口顶端。

⑥ 确定双绞线的每根线芯都已正确放置之后，就可以用压线钳压接了。市场上还有一种接头的保护套，可以防止接头在被拉扯时造成接触不良。在使用这种保护套时，需要在压接接头之前就将这种胶套插在双绞线电缆上。

⑦ 重复以上步骤，制作另一端的 RJ-45 接头，注意选择线型对应的线序。

完成电缆制作后，可以使用简易网线测试仪（如图 2-14 所示）对电缆导通情况和线序情况进行检查。简易网线测试仪包括主机和副机两部分，副机可以从主机上分离，主、副机上都有网络接口。

图 2-14　简易网线测试仪

在进行测试时，将网络连接电缆的两端分别插入主、副机的 RJ-45 接口中，打开开关，可以观察主、副机上的 LED 指示灯。在测试过程中，这些指示灯应循环依次闪亮，如果中间有部分指示灯不亮，则表示对应的线芯不导通；如果发生主机、终结侧 LED 指示灯闪亮且编号不一致，则表示线序不正确（交叉线应该 1/3、2/6 对换指示）。

2.2.3 同轴电缆

同轴电缆的结构是 4 层且按"同轴"形式构成的，如图 2-15 所示。从里向外分别是内芯、绝缘层、屏蔽层和绝缘外套。

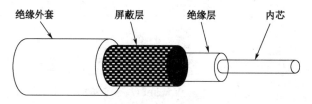

图 2-15　同轴电缆的结构

（1）内芯：金属导体，用于传输数据。

（2）绝缘层：用于内芯与屏蔽层间的绝缘。

（3）屏蔽层：金属导体，用于屏蔽外部的干扰。

（4）绝缘外套：用于保护电缆。

1．同轴电缆的物理特性

同轴电缆内芯一般是铜质的，能提供良好的传导率。同轴电缆分为基带同轴电缆和宽带同轴电缆两类。

（1）基带同轴电缆。

采用基带传输，即采用数字信号进行传输，用于构建 LAN。常用的基带同轴电缆有两种：50Ω，RG-8 和 RG-11（用于粗缆以太网）；50Ω，RG-58（用于细缆以太网）。

（2）宽带同轴电缆。

采用宽带传输，即采用模拟信号进行传输，用于构建有线电视网。常用的宽带同轴电缆：75Ω，RG-59。

2．同轴电缆的其他特性

（1）传输特性。

基带同轴电缆用于传输数字信号，采用曼彻斯特编码，速率最高可达 10Mbit/s。

宽带同轴电缆既可以传输模拟信号，也可以传输数字信号。

（2）传输距离。

典型基带同轴电缆的最大传输距离限制在几千米内，宽带同轴电缆的传输距离可达十几千米。但在 10Base5 粗缆以太网中，传输距离最大为 500m；在 10Base2 细缆以太网中，传输距离最大为 185m。

（3）抗干扰性。

同轴电缆的抗干扰性通常高于双绞线的抗干扰性。

（4）价格。

同轴电缆的价格高于双绞线的价格、低于光纤的价格。

2.2.4 光纤

1976 年，世界第一条民用光纤通信线路开通，人类通信进入"光速时代"。同年，被誉为"中国光纤之父"的赵梓森院士和他的团队，没有依靠外国任何技术，在武汉邮电科学研究院的简陋实验室里，研制出了中国第一根石英光纤。正是凭借着科研工作者的执着与坚守，我国的光纤发展进入了快车道。如今，我国宽带光纤覆盖率已经超过 98%，之所以普及得这么快，除强大的基建能力外，还得益于我国的制造能力，使光纤的成本大幅度降低，目前我国已经成为全球第一大光纤光缆制造国。

光纤通信从完成基础研究到大规模应用，只用了短短的 20 多年的时间，实现了从短距离、低速光纤通信到长距离、高速光纤通信的飞跃，彻底改变了人类通信技术的发展轨迹，已经成为现代通信的基石。

1. 光纤的结构

光导纤维（简称光纤）是一种传输光束的细而柔韧的介质。光导纤维线缆由一定数量的光导纤维、塑料保护套管和塑料外皮组成，简称光缆，是实现光信号传输的一种传输介质。如图 2-16 所示为室内光缆，如图 2-17 所示为室外光缆。

图 2-16　室内光缆　　　　　　　　　　图 2-17　室外光缆

光缆中传输数据的是光纤，其结构包括纤芯、包层和涂覆层，如图 2-18 所示。纤芯由许多细如发丝的玻璃纤维组成，位于光纤的中心部位，是高度透明的材料；包层的折射率略低于纤芯的折射率，从而可以将光电磁波束缚在纤芯内并长途传输；包层外涂覆一层很薄的环氧树脂或硅橡胶，其作用是保护光纤不受水汽侵蚀、免受机械擦伤，增加柔韧性。

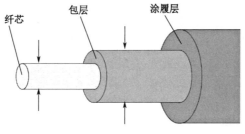

图 2-18　光纤结构

2. 光纤的种类

根据光在光纤中的传播方式，光纤可分为两种类型，即单模光纤和多模光纤。所谓"模"是指以一定角度进入光纤的一束光。如果光纤导芯的直径小到只有一个光的波长，则光纤成为一种波导管，光线就不必经过多次反射式的传播，而是一直向前传播，这种光纤被称为单模光纤。只要到达光纤表面的光线入射角大于临界角，就产生全反射，因此多条入射角度不同的光线可以同时在一条光纤中传播，这种光纤被称为多模光纤。单模光纤和多模光纤如图 2-19 所示。

（a）单模光纤　　　　　　　　　　　　　　　　　（b）多模光纤

图 2-19　单模光纤和多模光纤

（1）单模光纤。

单模光纤的中心纤芯很细（纤芯直径一般为 8～10μm），采用激光二极管做光源，只能传输一种模式的光，因此单模光纤没有模分散特性，传输距离可以达到几十千米至上百千米，适用于远程通信。单模光纤的传输频带宽、容量大、传输距离长，但因其需要激光源，成本较高，所以通常在建筑物之间或地域分散时使用。

（2）多模光纤。

多模光纤的纤芯较粗（纤芯直径为 50～62.5μm），可传送多种模式的光源。其模间色散较大，限制了传输数字信号的频率，而且随距离的增加，模间色散会更加严重，所以多模光纤的传输距离比较短，一般只有几千米。多模光纤多采用发光二极管做光源，整体的传输性能较差，但多模光纤允许多种不同模式的光在光纤中同时传播，因此成本较低，一般用于建筑物内或地理位置相邻的环境。

光纤相比其他网络传输介质有着不可比拟的优势。通信时光纤传送的是光束而不是电气信号，而且光束在光纤中的传输损耗比传统电信号在传输线路中的损耗低得多，因此传输距离大大增加。光纤传输采用的光信号不受电磁干扰的影响，适用于有严重电磁干扰的场合。光信号没有电磁感应，不易被窃听，安全性高。光纤体积小、重量轻，便于铺设、耐高温、耐腐蚀，可以适应恶劣的工作环境。此外，光纤的主要原材料是二氧化硅，是地球的主要构成物质，而传统通信介质的主要原材料是稀有金属（铜和铝），其资源严重短缺，从原材料成本分析，光纤具有明显的优势。

光纤也存在缺点。由于线芯极细，光纤一旦发生断裂，接合难度极大，即便接合成功，衰减也远远超过正常的线路。此外，光纤虽然原材料成本低廉，但加工工艺要求高，生产成本居高不下，造成市面上光纤价格较高。

当前，光纤在长距离信息传输线路中得到广泛应用。随着光纤价格的下降，光纤的应用也越来越广泛，如医疗、视听娱乐等场合常常能见到光纤的身影。随着光纤生产技术的成熟，光纤的价格会越来越低，终将替代铜线成为主要的有线传输介质。

2.2.5　无线传输介质

无线传输介质就是采用的物理传输介质不是实体的，而是看不见、摸不着的。常见的无线传输介质有红外线、无线电波、微波等。

1．红外线

红外线技术通过使用位于红外频率波谱中的锥形光束或线型光束来传输数据信号，通信的双方设备都拥有一个收发器，最好还有同步软件，传输速率一般为 4～16Mbit/s。

红外通信有其非常明显的弊端。首先，红外线是一种视线技术，不能通过不透明的物理层（如墙壁），并且易受外界光线干扰；其次，红外通信有效距离很短，一般在几米之内，因此红外线技术并不适合作为连接网络的主要方式。

当前，红外线技术在计算机系统中更多的应用集中于外围设备，如红外键盘、鼠标等，这是因为相比其他无线技术，红外线技术更省能源，使用同样的电池，采用红外线技术的无线鼠标的使用时间长于采用射频技术的无线鼠标的使用时间。

2．无线电波

无线电波是指在自由空间（包括空气和真空）传播的射频频段的电磁波。在空间中的传播方式有直射、反射、折射、穿透、绕射（衍射）和散射等。无线电波很容易产生，覆盖范围广，能从信号源向任意方向进行传播，很容易穿过建筑物，被广泛地应用于现代通信领域。因为它的传输方向是全方位的，所以发射和接收装置不必在物理空间上很准确地对齐，大大简化了通信连接工作。在使用扩频技术通信时，具有很强的抗干扰、抗噪声能力，使通信更安全。

无线电波的特性与频率有关。在低频上，无线电波能轻易地通过障碍物，但是能量随着与信号源距离的增大而急剧减小；在高频上，无线电波趋于直线传播并受障碍物的阻挡，还会被雨水吸收。在所有频率上，无线电波最易受发动机和其他电子设备的干扰，因此它不是一种最佳的传输介质。

采用无线电波作为网络传输介质的技术有很多，如现在最流行的无线局域网技术、3G/4G 移动通信技术，以及在便携设备上广为流行的蓝牙技术等。

3．微波

微波是指频率为 300MHz～300GHz 的电磁波。微波沿直线传播，不能很好地穿过建筑物，因此发送节点的天线与接收节点的天线之间，只有在相互可视、中间无阻挡的情况下才能正常通信。因为微波的波长较短，所以通过抛物状天线可将所有的能量集中于一小束发送出去，这样可以获得极高的信噪比，达到用很小的发射功率来进行远距离通信的目的。微波频段范围宽、信道容量大，可同时传输大量信息。微波通信易受环境因素影响，如雨雪天气。

目前，微波通信主要分为两大类：地面微波通信和卫星微波通信。

地面微波通信系统在各个微波站之间用抛物面天线进行通信，发射天线和接收天线必须精确地对准，如图 2-20 所示。由于微波是沿着直线传播的，因此每隔一段距离就需要建一个中继站。中继站的微波塔越高，传输的距离就越远，中继站之间的距离大致与塔高的平方成正比，距离一般为 50～100km。由于微波系统中各站之间不需要电缆连接，因此在一些特殊的场合具有不可替代性。例如，需要通过一块荒无人烟的沼泽地、在一个隔江相望的峡谷等处传输数据。在这些地方埋设电缆费时费力，有时几乎是不可能的，并且日后的维护工作也是一项比较困难的事情。在这种情况下，建立微波站是正确的选择，既节约初始建设费，又方便日后使用和维护。

在卫星微波通信系统中，发射站和接收站被设置于地面上，卫星上放置转发器，如图 2-21 所示。地面站首先向卫星发送微波信号，卫星收到该信号后，由转发器将其向地面转发，供地面各接收站接收。卫星微波通信覆盖面积极大，理论上一颗同步卫星可以覆盖地球 1/3 的面积，三颗同步卫星就可以覆盖全球。可以将一颗卫星看作一个集线器，将各接收站看作一个节点，这样就形成了一个星型网络。

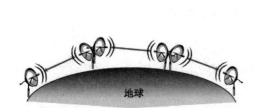

图 2-20　地面微波通信

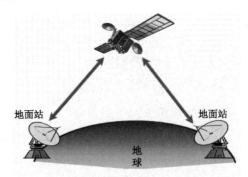

图 2-21　卫星微波通信

微波通信成本相对比较低，目前已经被广泛地应用于长途电话、蜂窝电话、电视转播等场合。

2.3　数据传输技术

数据在传输信道上的传输方式，按被传输数据信号的特点，可分为基带传输、频带传输和宽带传输；按传输信道数，可分为并行通信与串行通信；按数据传输的方向，可分为单工通信、半双工通信和全双工通信。

2.3.1　基带传输

当直接使用数字信号传输数据时，数字信号几乎占用整个频带。当终端设备把数字信号转换成脉冲电信号时，这个原始的电信号所固有的频带被称为基本频带，简称基带。在信道中直接传送基带信号被称为基带传输。基带传输不需要调制、解调，设备花费少，适用于较小范围的数据传输。目前，大多数的局域网使用基带传输，如以太网、令牌环网。

2.3.2　频带传输

频带传输就是发送端利用调制器将数字信号调制成音频信号（模拟信号），在公共电话线上传输，到达接收端后，经过解调器的解调，将音频信号还原为原来的数字信号。频带传输不仅克服了目前许多长途电话线路不能直接传输基带信号的缺点，而且能实现多路复用的目的，从而提高了通信线路的利用率。通常我们用调制解调器拨号上网就是利用电话交换网实现计算机之间数字信号传输的，其中调制解调器是一种能够在数字信号与模拟信号之间进行转换的设备。

2.3.3 宽带传输

宽带是指比音频带宽（4kHz）更宽的频带，包括大部分的电磁波频谱。使用这种宽频带进行传输的系统被称为宽带传输系统。它可以容纳所有的广播，并且可以进行高速率的数据传输。宽带传输允许在同一个信道上进行数字信息和模拟信息服务。一个宽带信道可以被划分为多个逻辑信道，这样就能把声音、图像和数据信息综合在一个物理信道中同时进行传输，相互之间不会产生冲突。常见的应用如有线电视系统（CATV）、ISDN 等。

2.3.4 并行通信与串行通信

按照通信中使用的传输信道数，数据传输方式可分为并行通信和串行通信。

（1）并行（Parallel）通信。数据以成组的方式在多个并行信道上同时传输，如图 2-22 所示。例如，将构成 1 个字符代码的二进制比特位分别在多条并行线路上同时传输，每个比特使用一条单独的线路。并行通信非常普遍，特别是两个短距离的设备之间进行通信。计算机内部 CPU 和存储器模块之间的数据传输采用的就是并行通信。

并行通信在应用到长距离的连接时就无优点可言了。首先，在长距离上使用多条线路要比使用一条线路昂贵。其次，涉及比特传输所需要的时间。当短距离传输时，多个信道上同时传输的比特几乎总是能够同时到达。但当长距离传输时，导线上的电阻会或多或少地阻碍比特的传输，从而使它们的到达时间不同，这将给接收端带来麻烦。

（2）串行（Serial）通信。数据流以串行方式在一条信道上传输，即在一条线路上逐个传送所有的比特，如图 2-23 所示。这种传输方式给发送设备和接收设备增加了额外的复杂性。发送端必须明确比特发送的顺序。例如，在发送一字节的 8 个比特位时，发送端必须确定是先发送高位比特还是先发送低位比特。同样，接收端必须知道一个目标字节中收到的第一个比特位应该放在什么位置。如果串行通信的双方在比特的顺序上无法取得一致，则数据的传输将出现错误。

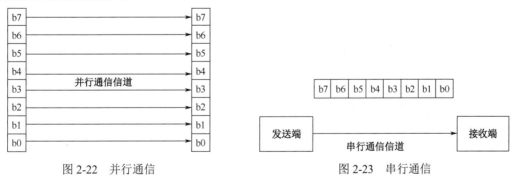

图 2-22　并行通信　　　　　　　图 2-23　串行通信

由于串行通信的收、发双方只需要一条传输信道，比较便宜又易于实现，并且用在长距离传输中也比并行通信更加可靠，因此是目前被广泛采用的一种方式。计算机网络中普遍采用串行通信方式。

2.3.5 单工通信、半双工通信与全双工通信

（1）单工（Simplex）通信。数据信号只能沿着一个方向传输，发送端只能发送、不能接收，接收端只能接收、不能发送，任何时候都不能改变信号传输的方向，如图2-24（a）所示。例如，无线电广播和电视广播。

（2）半双工（Half-Duplex）通信。数据信号可以沿两个方向传输，但同一时间只允许信号在一个信道上单向传输。因此，半双工通信实际上是一种可切换方向的单工通信，如图2-24（b）所示。传统的对讲机使用的就是半双工通信方式。

（3）全双工（Full-Duplex）通信。数据信号可以同时沿两个方向传输，在发送数据的同时也可以接收数据，如图2-24（c）所示。例如，我们常用的电话系统就是全双工通信，这种通信方式也适用于计算机之间的通信。

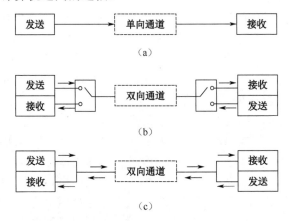

图2-24 单工通信、半双工通信、全双工通信

2.4 多路复用技术

实现在同一条通信线路上传送多路信号的技术被称为多路复用技术。电信线路是构成电信网的基础设施之一，在整个电信网的投资中占有很大的比例。多路复用技术可以提高电信传输系统的传输能力、扩大容量、挖掘潜力、降低成本。因此，无论是有线传输系统还是无线传输系统，都在积极研究和开发多路复用技术。

在有线通信方面，早期的传输线路一对线只能传送一路电话，后来发明了载波电话，使通信技术有了突破。单路载波电话在一对线上可以通两路电话，电信线路的利用率提高了一倍。后来陆续开发出3路、12路、60路载波电话等，电信线路的传输能力提高了几倍、几十倍。同轴电缆载波系统更使电信线路的容量从几百路提高到几千路、上万路。20世纪70年代后期，开始大量使用光纤通信，一条光纤就可以开通上千路电话。20世纪90年代中期，一根光纤可以开通几万路电话。之后，人们又开发了新的多路复用技术，被称为"波分复用"。现在一根光纤能开通几十万路电话，而且还在继续提高，其通信容量发展之快令

人咂舌，而这些都是多路复用技术的成果。

　　在无线通信方面，多路复用技术也得到了广泛的应用。早在 20 世纪 30 年代初期，在无线电通信中就使用了多路复用技术。20 世纪 40 年代以后，在微波通信中更是广泛地应用了多路复用技术。到了 20 世纪 80 年代，模拟调频微波通信的容量已经高达 1800～2700 路。20 世纪 80 年代末发展起来的数字微波通信，多路复用的容量更高。1965 年以后，卫星通信发展很快，到 20 世纪 90 年代，新的卫星通信系统应用多路复用技术，可以承载约 35000 路电话和多个电视节目的传输。

　　多路复用技术的基本原理：各路信号在进入同一个有线的或无线的传输介质前，先采用调制技术把它们调制为互相不会混淆的已调制信号，然后进入传输介质传送到对方，对方再用解调（反调制）技术对这些信号加以区分，并使它们恢复成原来的信号，从而达到多路复用的目的。

　　常用的多路复用技术有频分多路复用技术、时分多路复用技术和波分多路复用技术。频分多路复用技术是将各路信号分别调制到不同的频段进行传输，多用于模拟通信。时分多路复用技术利用时间上离散的脉冲组成相互不重叠的多路信号，广泛应用于数字通信。频分多路复用技术和时分多路复用技术的基本原理分别如图 2-25（a）和图 2-25（b）所示。波分多路复用技术用于光纤通信，在光波频率范围内，把不同波长的光波按一定间隔排列在一根光纤中传送。

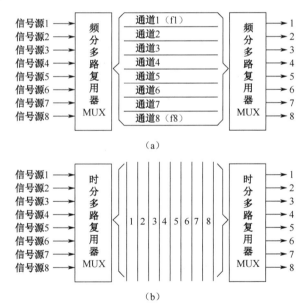

图 2-25　频分多路复用技术和时分多路复用技术的基本原理

2.5　数据交换技术

　　数据在通信线路上进行传输的最简单形式是在两个互联的设备之间直接进行数据通信，但是网络中的所有设备都直接两两相连是不现实的，会造成通信系统中的通信介质、设备花费相对较大。出于成本考虑，当通信用户数量较多且通信距离较远时，通常经过中间节点将数据从信源逐点传送到信宿，从而实现两个互联设备之间的通信。中间节点只作为交换设备，把数据从一个节点转发到另一个节点，最终到达接收端，并不需要处理经过它的数据内容。通常将在各节点间的数据传输过程称为数据交换。

网络中常用的数据交换技术可分为两大类：电路交换和存储转发交换。其中，存储转发交换又可分为报文交换和分组交换。

2.5.1 电路交换

电路交换（Circuit Switching）是在两个站点之间通过通信子网的节点建立一条专用的通信线路，这些节点通常是一台采用机电与电子技术的交换设备（如程控交换机）。也就是说，在两个通信站点之间需要建立实际的物理连接，其典型示例是两台电话通过公共电话网络的互联实现通话，如图2-26所示。

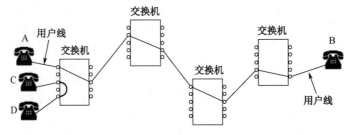

图 2-26   电路交换

电路交换实现数据通信需要经过三个步骤：首先建立连接，即建立端到端（站点到站点）的线路连接；其次是数据传输，所传输的数据可以是数字数据，也可以是模拟数据；最后是拆除连接，通常在数据传输完毕后由两个站点之一终止连接。

电路交换的优点是实时性好，但将电话采用的电路交换技术用于传输计算机或远程终端的数据时，会出现下列问题：①用于建立连接的呼叫时间大大长于数据传输时间，这是因为在建立连接的过程中，会涉及一系列硬件开关动作，时间延迟较长，如某段线路被其他站点占用或物理断路，将导致连接失败，需要重新呼叫；②通信带宽不能充分利用，效率低，这是因为两个站点一旦建立连接，就独自占用实际连通的通信线路，而计算机通信时真正用来传输数据的时间一般不到10%，甚至可低至1%；③由于不同计算机和远程终端的传输速率不同，因此必须采取一些措施才能实现通信，如不直接连通终端和计算机，而设置数据缓存器等。

2.5.2 报文交换

报文交换（Message Switching）是通过通信子网上的节点采用存储转发的方式来传输数据的，不需要在两个站点之间建立一条专用的通信线路。报文交换中传输数据的逻辑单元被称为报文，其长度一般不受限制，可随数据不同而改变。报文一般将接收报文站点的地址附加于报文一起发出，每个中间节点接收报文后暂存报文，之后根据其中的地址选择线路，再把它传到下一个节点，直至目的站点。

实现报文交换的节点通常是一台计算机，它具有足够的存储容量来缓存所接收的报文。一个报文在每个节点的延迟时间等于接收报文的全部位码所需的时间和等待的时间，以及传到下一个节点的排队延迟时间之和。

　　报文交换的主要优点是线路利用率较高，多个报文可以分时共享节点间的同一条通道；此外，该系统很容易把一个报文送到多个目的站点。报文交换的主要缺点是报文传输延迟较长，而且随报文长度变化，不能满足实时或交互式通信的要求，不能用于声音连接，也不适合远程终端与计算机之间的交互通信。

2.5.3　分组交换

　　分组交换（Packet Switching）的基本思想包括数据分组、路由选择与存储转发。分组交换类似报文交换，但它限制每次所传输数据单位的长度（典型的最大长度为数千位），对于超过规定长度的数据必须分成若干个等长的小单位，被称为分组（Packets）。从通信站点的角度来看，每次只能发送其中一个分组。

　　各站点将要传送的大块数据信号分成若干等长且较小的数据分组，之后顺序发送；通信子网中的各个节点按照一定的算法建立路由表，即各目标站点各自对应下一个应发往的节点，同时负责将收到的分组存储于缓存区，再根据路由表确定各分组下一步应发向哪个节点，在线路空闲时转发。以此类推，直到各分组传到目的站点，如图 2-27 所示。由于分组交换在各个通信路段上传送的分组不大，故只需很短的传输时间（通常仅为毫秒数量级），传输延迟小，非常适合远程终端与计算机之间的交互通信，也有利于多对时分复用通信线路工作。此外，

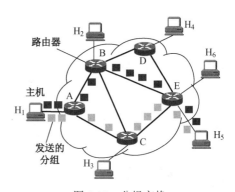

图 2-27　分组交换

由于采取了错误检测措施，因此可以保证非常高的可靠性；而在线路误码率一定的情况下，小的分组还可减少重新传输出错分组的开销；与电路交换相比，分组交换带给用户的优点是费用低。

　　根据通信子网的不同内部机制，分组交换子网又可分为面向连接（Connect-Oriented）和无连接（Connectionless）两类。前者要求建立虚电路（Virtual Circuit）的连接，一对主机之间一旦建立虚电路，分组即可按虚电路号传输，而不必给出每个分组的显式目标站点地址，在传输过程中也无须为其单独寻址，虚电路在关闭连接时撤销。后者不建立连接，数据报（Datagram，分组）带有目标站点地址，在传输过程中需要为其单独寻址。

　　分组交换的灵活性强，可以根据需要实现面向连接或无连接的通信，并能充分利用通信线路，因此现有的公共数据交换网都采用分组交换技术。局域网也采用分组交换技术，但在局域网中，从源站到目的站只有一条通信线路，因此不需要公用数据网中的路由选择和交换功能。

2.6　差错控制技术

理想的计算机网络可以高速且不出错地传输数据，但这种情况基本上不可能实现。计算机网络是一个非常复杂的系统，它的诸多组成部分及网络在运行时所面临的各种问题都会导致数据传输出现错误。例如，在数字数据通信中，由发送端发送的数据信号帧（Frame）在经由网络传到接收端后，可能由于信号在通信线路上的衰减、相邻通信线路的干扰、各类自然现象的影响等多种原因导致出现错误位（Bit Errors）。因此，能够发现并纠正传输过程中出现的差错就成为必须解决的问题。

差错控制技术就是采取适合的技术手段对传输中出现的错误进行控制，尽可能提高传输的可靠性。

2.6.1　差错控制编码

差错控制编码是用来实现差错控制的编码，是差错控制的核心。根据编码的不同功能，差错控制编码一般分为检错码和纠错码。

检错码是指在传输中仅发送足以使接收端检测出差错的附加位，接收端检测到错误后会要求重新发送数据。检错码只能检测数据传输过程中有错误发生，却不能纠正这些错误。

纠错码是指在传输中发送足够的附加位，使接收端能以很高的概率检测并纠正大多数错误。

错误的纠正方法有两种：一种方法是当通过检错码发现有错误时，接收端要求数据的发送端重新发送整个数据单元；另一种方法是采用纠错码进行数据传输，自动纠正发生的错误。理论上，纠错码法可以纠正任何一种二进制编码错误。但纠错码比检错码要复杂得多，数据的冗余位需要很多。数据单元传输过程中发生的错误有三种：单位错误、多位错误和突发错误。纠正多位错误和突发错误所需要的位数很大，在大多数情况下，纠错的效率低下。因此，大多数的纠错技术都局限于一位、两位或三位的错误。目前，汉明码是一种常用的错误纠正编码技术。

纠错码法虽然能发现并自动纠正传输中出现的错误，但实现复杂、造价高、费时间，在一般的通信场合不易采用。检错码法虽然要通过重传机制进行纠错，但原理简单，实现容易，编码与解码速度快，是目前网络中广泛使用的差错控制编码。

2.6.2　差错控制方式

差错控制方式基本上分为两类：一类为反馈纠错，另一类为前向纠错。在这两类的基础上还派生出一类，称为混合纠错。

1. 反馈纠错

这种方式是指发送端采用某种能发现一定程度传输差错的简单编码方法对所传信息进

行编码，加入少量监督码元，接收端根据编码规则对接收到的编码信号进行检查，一旦检测出错码，即向发送端发出询问信号，要求重发。发送端接收到询问信号后，立即重发已经发生传输差错的那部分信息，直到接收端正确收到。所谓发现差错，是指在若干接收码元中知道有一个或一些是错的，但不一定知道错误的准确位置。该技术的原理和设备都比较简单，但数据的通信效率低。计算机网络通信中一般采用该方式进行差错控制。

2. 前向纠错

这种方式是指发送端采用某种在解码时能纠正一定程度传输差错的较复杂的编码方法，使接收端在收到的信元中不仅能发现错码，还能够纠正错码。在采用前向纠错方式时，不需要反馈信道，也不需要反复重发而延误传输时间，对实时传输有利，但纠错设备比较复杂。前向纠错已被广泛用于卫星通信网络、移动通信网络中。

3. 混合纠错

混合纠错是指少量错误在接收端被自动纠正，当错误较严重、超出自行纠正能力范围时，就向发送端发出询问信号，要求重发。因此，混合纠错方式是前向纠错和反馈纠错两种方式的混合。

2.6.3　常用检错码

目前，常用的检错码主要有两种：奇偶（Parity）校验和 CRC 循环冗余校验。

1. 奇偶校验

在差错检测中，奇偶校验是一种最基本的方法，其工作原理是在原始数据字节的最高位或最低位增加一个附加位，使结果中 1 的个数为奇数（奇校验）或偶数（偶校验），当接收端收到数据后，重新计算数据位中包含"1"的个数，再通过奇偶校验位就可以判断出数据是否出错。

例如，字符 M 的 ASCII 二进制代码为 1001101，如果采用奇校验方法，在 1001101 后面加校验位"1"，即 10011011，其中"1"的个数为奇数；如果采用偶校验方法，则在 1001101 后面加校验位"0"，即 10011010，其中"1"的个数为偶数。

奇偶校验的优点是简单、易于实现，但奇偶校验码只能检测单个比特出错的情况，当两个或两个以上的比特出错时，用该方法就无能为力了。

2. CRC 循环冗余校验

在数据通信中，循环冗余校验方法是一种较为复杂的校验方法，由于其功能强，因此得到了广泛的应用。循环冗余校验是将所传输的数据除以一个预先设定的除数，并根据余数得到一个校验码，附加在要发送数据的末尾，被称为循环冗余校验码（CRC 码）。这样，实际传输的数据就能够被预先设定的除数整除。当整个数据传送到接收端后，接收端就利用同一个除数去除接收到的数据，如果余数为 0，就表示数据传输正确，否则意味着数据传输出现了差错。

习　题　2

一、填空题

1．数据一般分为_____和_____两种类型。

2．_____是信息的载体，_____是数据的内在含义和解释，_____是数据的编码。

3．信道是指两地间传输_____的通路，包括_____和_____。

4．在数字信道中，_____是数字信号的传输速率。

5．一条传输线路能传输 1000～3000Hz 的信号，则该线路的带宽为_____Hz。

6．数据传输介质是指_____，是通信网络中发送端和接收端之间的_____。

7．双绞电缆可以分为_____、_____和_____三种，分别适用于不同设备接口之间的连接。

8．根据光在_____，光纤分为单模光纤和_____两种类型。

9．并行传输适用于数据的_____传输，串行传输适用于数据的_____传输。

10．计算机网络中常用的数据交换技术有_____、_____和_____三种。

二、选择题

1．信号可以分为（　　）两种信号。
    A．比特和波特　　　　　　　　　　B．数据和信息
    C．模拟和数字　　　　　　　　　　D．码元和比特

2．信息在信道中传输，传送的形式必须是（　　　）。
    A．数据　　　　　　　　　　　　　B．信息
    C．信号　　　　　　　　　　　　　D．码元

3．在数据通信中，利用电话交换网与调制解调器进行数据传输的方法属于（　　　）。
    A．频带传输　　　　　　　　　　　B．宽带传输
    C．基带传输　　　　　　　　　　　D．并行传输

4．下列关于信道容量的叙述正确的是（　　　）。
    A．信道所允许的最大误码率　　　　B．信道所能提供的同时通话的路数
    C．以兆赫兹为单位的信道带宽　　　D．信道所能允许的最大数据传输速率

5．数据通信系统中的噪声是指（　　　）。
    A．信号在传输过程中的衰减　　　　B．信号在传输过程中受到的干扰
    C．信号在传输过程中的形式　　　　D．以上都是

6. 下列关于网络传输介质的说法错误的是（　　　）。

    A．光纤主要用于传输距离较短、布线条件特殊的主干网连接

    B．双绞线相互缠绕，可消除或减少外界及导线之间产生的电磁干扰和射频干扰

    C．与其他传输介质相比，光纤信号衰减最小，抗干扰性最强

    D．同轴电缆分为基带同轴电缆和宽带同轴电缆两种

7. 在同一个信道上的同一时刻，可以进行双向传输的通信方式是（　　　）。

    A．单工   B．半双工

    C．全双工   D．双工

8. 对于单个建筑物内的局域网来说，下列传输介质中性价比最高的是（　　　）。

    A．光纤   B．双绞线

    C．同轴电缆   D．微波

9. 下列关于无线传输介质的说法错误的是（　　　）。

    A．红外线传输距离短，可穿透墙壁

    B．微波沿直线传播，不能很好地穿过建筑物

    C．无线电波的方向为全向性

    D．无线电波传输距离较远，具有较强的穿透能力

10. 目前公用电话网广泛使用的交换方式为（　　　）。

    A．分组交换   B．报文交换

    C．电路交换   D．数据报交换

三、简答题

1. 什么是单工通信、半双工通信和全双工通信？试举例说明它们的应用场合。

2. 简述屏蔽双绞线和非屏蔽双绞线各自的特点及应用场合。

3. 简述光纤的分类，并说明各类型光纤的主要应用。

4. 简述多路复用技术的工作原理。

5. 简述数据交换技术的类型及各自的主要技术特点。

第 3 章

计算机网络体系结构

内容摘要

- ◆ 网络协议
- ◆ 网络的分层结构
- ◆ 网络体系结构
- ◆ OSI 参考模型
- ◆ TCP/IP 参考模型
- ◆ IP 地址

学习目标

- ◆ 掌握网络协议的概念与特点
- ◆ 理解网络的分层结构
- ◆ 掌握 OSI 参考模型各层的功能
- ◆ 掌握 TCP/IP 参考模型各层的功能
- ◆ 掌握 IP 地址及子网掩码
- ◆ 了解 OSI 参考模型与 TCP/IP 参考模型的差异

素质目标

- ◆ 培养学生的信息素养和学习能力，使其能够运用正确的方法和技巧掌握新知识、新技能
- ◆ 培养学生系统分析与解决问题的能力，使其能够掌握相关知识点并完成任务
- ◆ 培养交流沟通及逻辑思维能力

思政目标

◆ 明确规矩的重要性，培养学生的纪律意识，
遵纪守法
◆ 培养学生的责任意识和团结协作精神
◆ 引导学生合理地规划 IP 地址，培养学生的节约观念和
创新意识
◆ 树立读书报国、科技强国的理想信念，激发学生的爱国热情

随着计算机网络的不断发展和完善，它逐渐涉及人们生产、生活的各个方面。那么，如何最大限度地发挥计算机网络的作用，更好地实现资源共享、数据通信等功能？我们必须解决在计算机网络中面临的诸多问题，包括信号的传输、差错的控制、路由寻址、数据交换和提供用户接口等。计算机网络体系结构就是我们为简化对上述问题的研究、设计与实现而构建的一种结构模型。

计算机的网络结构可以从网络体系结构、网络组织和网络配置三个方面来描述。网络组织是从网络的物理结构和网络的实现两个方面来描述计算机网络的；网络配置是从网络应用方面就计算机网络的布局、软/硬件和通信线路来描述计算机网络的；网络体系结构是从功能上来描述计算机网络结构的，阐述的是计算机网络功能实体的划分原则及相互之间协同工作的方法和规则。

3.1　网络体系结构概述

计算机网络是一个复杂的系统，通信控制也涉及很多复杂的技术性问题，为了简化计算机网络的研究、设计和分析工作，同时也为了使不同的计算机系统能够互联互通，提出了网络体系结构的概念。

网络体系结构是指为了能完成计算机之间的通信合作，把每个计算机互联的功能划分为有明确定义的层次，并规定同层次进程通信的协议及相邻层之间的接口服务；也指用分层研究方法定义的网络各层的功能、各层协议和接口的集合。

3.1.1　网络协议

网络协议是通信双方共同遵守的约定，是用来描述进程之间信息交换过程的一组术语。

在计算机网络中包含多种类型的计算机系统，它们的硬件系统和软件系统有着很大的差异，要使它们之间能够相互通信、进行数据交换、解决通信过程中出现的各种问题，就必须有一套通信管理机制使通信双方能正确地接收信息，并能理解对方信息的含义，这套规则就是网络协议。

1. 网络协议的组成

网络协议主要由三个要素组成：语法、语义和交换规则。语法是以二进制形式表示的命令和相应的结构，确定协议元素的格式（规定数据与控制信息的结构和格式）；语义是由发出的请求、完成的动作和返回的响应组成的集合，确定协议元素的类型，即规定通信双方要发出何种控制信息、完成何种动作及做出何种应答；交换规则是事件实现顺序的详细说明，即确定通信状态的变化和过程，如通信双方的应答关系。

下面以日常生活中甲打电话给乙为例来说明网络协议的概念。

甲有事情需要与乙联系，就打电话给乙。甲拿起电话拨通乙的电话号码，乙的电话响铃，乙拿起电话接通，此时通话开始，通话完毕双方挂断电话，完成通信。在这个过程中，甲与乙都遵守了打电话的协议。其中，电话号码就是"语法"的一个例子，一般的电话号码由若干位的阿拉伯数字组成；甲拨通乙的电话后，乙的电话就会响铃，响铃是一个信号，表示有电话打进，乙选择接电话，这一系列的动作包括控制信号、响应动作等，就是"语义"；甲拨打电话，乙的电话才会响，乙听到铃声后会考虑要不要接，这一系列事件的因果关系十分明确，不可能没有人拨乙的电话而乙的电话自动响，也不可能在电话铃没响的情况下，乙拿起电话却从话筒中传出甲的声音，这就是"交换规则"。

从上面的例子可以看出，网络协议是使两个不同实体能够实现通信而制定的一些规范，如双方如何建立通话联系、如何交换、何时通信等。

2. 网络协议的特点

（1）层次性。由于网络体系结构是有层次的，因此协议也被分为多个层次，在每个层次内又可以被分成若干子层，协议各层次有高低之分。

在计算机网络术语中，层就是一个或一系列程序，能为相邻的更高层提供服务，同时使用相邻低层提供的服务。位于最高层的程序为用户提供高级的服务，它要依靠低层为其提供信息和传送消息。

（2）可靠性和有效性。如果协议不可靠就会造成通信混乱和中断，只有协议有效，才能实现系统内的各种资源共享。

3.1.2 网络的分层结构

计算机网络系统的功能强、规模庞大，通常采用高度结构化的分层设计方法，将网络划分为一组功能分明、相对独立和易于操作的层次，依靠各层之间的功能组合提供网络的通信服务，从而减少网络系统设计、修改和更新的复杂性。

在现实社会中，有时会遇到很多复杂、庞大的问题或任务。通常会将任务分解为一个个小的任务，降低统一处理的难度。以日常生活中的邮政系统业务流程为例说明任务的分解情况，如图 3-1 所示。

从图 3-1 所示的邮政系统业务流程图可以看到，一个人给另一个人寄信的过程是一个很繁杂的过程，但如果把这个过程分为很多的层次，把任务分配出去，每个层次只需要负责自己的任务，大家协作就可以按部就班地完成这个任务。

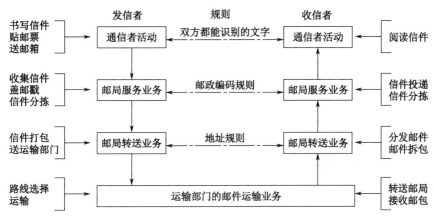

图 3-1　邮政系统业务流程图

　　计算机网络是一个涉及通信系统和计算机系统的复杂系统。为了降低系统设计和实现的难度，把计算机网络要实现的功能进行结构化和模块化的设计，将整体功能分为几个相对独立的子功能层次，各个功能层次间进行有机的连接，下层为其上层提供必要的功能服务。分层可将庞大而复杂的问题转化为若干较小的局部问题，这些较小的局部问题就比较容易研究和处理了。这种层次结构的设计被称为网络层次结构模型，如图 3-2 所示。

　　在网络层次结构模型中，N 层是 $N-1$ 层的用户，同时又是 $N+1$ 层的服务提供者。对于 N 层而言，$N+1$ 层用户直接获得了 N 层提供的服务，而 N 层的服务是建立在 $N-1$ 层所提供的服务基础之上的。

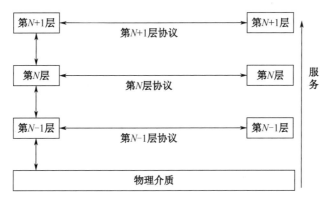

图 3-2　网络层次结构模型

　　一台计算机上的第 N 层与另一台计算机上对应的第 N 层进行对话，通话的规则就是第 N 层协议。实际上，数据并不是从一台计算机上的第 N 层直接传送到另一台计算机上的第 N 层的，而是每一层都把数据和控制信息交给它的下一层，直到最下层，最后由物理层完成实际的数据通信。

　　网络体系结构中采用层次化结构的优点如下。

　　（1）各层之间相互独立，高层不必关心低层的实现细节，只要知道低层所提供的服务，以及本层向上层所提供的服务即可，能真正做到各司其职。

　　（2）有利于实现和维护，某个层实现细节的变化不会对其他层产生影响。

（3）易于实现标准化。

分层时每一层的功能应非常明确，层数不宜太多，否则会给描述和综合实现各层功能和系统工程任务带来较多的困难，但层数也不能太少，不然会使每一层的协议太过复杂。

3.1.3　网络体系结构的发展

20 世纪 70 年代以后，随着计算机网络的逐渐普及，随之而来的是采用不同网络体系的计算机网络之间的互联问题。每个计算机网络厂商都有自己的网络模型，网络模型使得该厂商的计算机之间能够方便地通信，这种情况显然有利于计算机网络厂商对市场的垄断，用户一旦使用了某个厂商的网络，就只能购买该厂商的网络产品，如果购买了其他厂商的产品，由于分属不同的网络模型，相互之间就很难连通。比如，当时世界上最大的两家计算机厂商即国际商业机器公司（IBM）和数字设备公司（DEC）分别制定了自己的网络模型，分别为 SNA 和 DECnet，两个模型的设计都非常优秀，但分别按照不同模型搭建好的计算机网络之间是不能相互通信的。

因此，网络的发展迫切需要一个能互联互通的标准，各网络设备厂商就可以遵照共同的标准来开发网络产品，最终实现彼此兼容。

很多标准化组织开始致力于网络体系结构标准的制定，最著名的是由 ISO 制定的开放系统互连参考模型，但该参考模型并没有形成产品。TCP/IP 是 Internet 上采用的协议，虽然不是体系结构的标准，却是一个广泛使用的工业产品，也是一个工业标准，还是事实上的标准。

3.2　OSI 参考模型

1984 年国际标准化组织 ISO 正式颁布了网络体系结构标准——开放系统互连参考模型（OSI/RM，Open System Interconnection/Reference Model），简称 OSI，形成了 7 层协议的体系结构。OSI 参考模型对于计算机网络的发展有着十分深远的影响，包括像 TCP/IP 这样的协议，都从它那里吸取有价值的成分，它体现了组成网络各组件的内在联系，展示了网络运行的根本原理。

OSI 并不是一个具体的网络，它只给出一些原则性的说明，规定了开放系统的层次结构和各层所提供的服务。它将整个网络的功能划分为 7 层，在两个通信实体之间进行通信必须遵循 7 层协议，如图 3-3 所示。

OSI 参考模型从下向上的 7 层分别为物理层、数据链路层、网络层、传输层、会话层、表示层和应用层。最高层为应用层，面向用户提供服务；最低层为物理层，连接通信媒体以实现数据传输。层与层之间的联系是通过各层之间的接口来进行的，上层通过接口向下层提出服务请求，而下层通过接口向上层提供服务。当两个用户计算机通过网络进行通信时，除物理层外，其余各对等层之间不存在直接的通信关系，而是通过各对等层的协议来进行通信的。只有两个物理层之间通过媒体进行真正的数据通信。在实际应用中，两个通信实体是通过一个通信子网进行通信的。一般来说，通信子网中的节点只涉及低 3 层的结构。

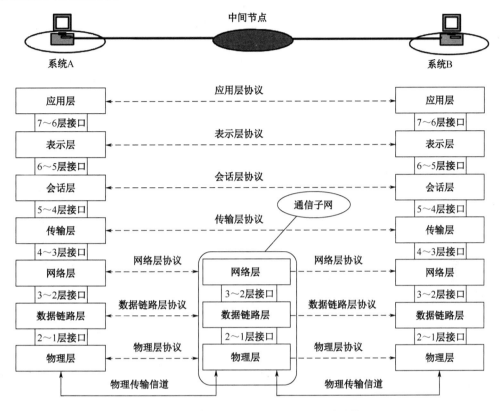

图 3-3　OSI 参考模型的 7 层协议体系结构

3.2.1　OSI 参考模型简介

OSI 参考模型将网络分为 7 层，其中第 1～3 层属于通信子网的功能范畴，第 5～7 层属于资源子网的功能范畴，第 4 层起着衔接上下各 3 层的作用。各层在网络中发挥着各自的作用。

OSI 参考模型的成功之处在于，它清晰地区分了服务、接口和协议这 3 个容易混淆的概念，服务描述每层的功能，接口定义某层提供的服务和如何被高层访问，而协议是每层功能的实现方法。

综上所述，可以分析出 OSI 参考模型具有以下特点。

（1）每层的对应实体之间都通过各自的协议进行通信。

（2）各个计算机系统都有相同的层次结构。

（3）不同系统的相应层次具有相同的功能。

（4）同一个系统的各层次之间通过接口联系。

（5）相邻的两层之间，下层为上层提供服务，上层使用下层提供的服务。

3.2.2 物理层

物理层处于 OSI 参考模型的最低层，直接面向网络传输介质。物理层负责将二进制数据位（bit）流通过传输介质，从一台计算机发送给另一台计算机。物理层不关心数据位流的具体含义。物理层完全面向硬件，定义了物理结构和传输介质的电气机械规格，包括电压、通信速率、最大传输距离、物理连接器和其他类似的属性等。

物理层具体解决了以下问题。

（1）使用什么类型的传输介质，使用什么样的连接器件和连接设备。

（2）使用什么类型的拓扑结构。

（3）使用什么样的物理信号表示二进制数的 0 和 1，以及该物理信号与传输相关的特性如何。

在常用的网络设备中，集线器工作在 OSI 参考模型的物理层，因为物理层处理的是位，所以集线器的作用就是重发位，将所收到的位信号进行再生和还原并传给每个与之相连的网段。集线器是一个没有鉴别能力的设备，它会转发所收到的位信号，包括错误信号。

3.2.3 数据链路层

数据链路层位于 OSI 参考模型的第 2 层。物理层实现了二进制数据位流的传输，但此传输并不是可靠的数据通信。数据链路层就在物理层的基础上，通过将位信息加以组织并封装成帧，从而建立一条可靠的数据传输通道。

数据帧是用来传输数据的一种结构包，这个结构包中包括传输的实际数据、发送端和接收端的地址信息，以及控制信息和错误校验信息。通过地址信息，确定数据将去往何处，通过控制信息和错误校验信息检查传输数据是否有误，如果有错误帧存在，则要求重发该帧。

数据链路层具体解决了以下问题。

（1）将位信息加以组织并封装成帧。

（2）确定了数据帧的结构。

（3）通过使用物理地址（又被称为硬件地址）来寻址。

（4）实现差错校验信息的组织。

（5）对共享的介质实现访问控制。

在常用的网络设备中，网卡是工作在物理层和数据链路层的重要网络设备，网卡在发送端把计算机系统要发送的数据转换成能在介质上传输的位流，在接收端把从介质上接收的位流重新组成计算机系统可以处理的数据。同时，每块网卡都由生产厂商固化了一个全球唯一的物理地址，也就是 MAC 地址，它由 48 个二进制数组成，通常用 12 个十六进制数来表示，如 00:e0:4c:01:02:85 或 00-e0-4c-01-02-85，其中前 6 个十六进制数是网络硬件制造商编号，由 IEEE 组织分配，后 6 个十六进制数是序列号，由生产厂商分配。当数据链路层通信时，使用 MAC 地址可以实现数据的发送与接收。

交换机是工作在数据链路层的网络设备，交换机具有物理寻址功能。启动交换机后，通过学习，逐渐在内存中建立一个 MAC 地址与交换机端口的关联表，从而实现有目的的数据转发。

3.2.4　网络层

网络层位于 OSI 参考模型的第 3 层。通过寻址和路由选择为发送端和接收端连接一个或多个数据传输的链路。在网络层，提供了数据的网络地址，也就是 IP 地址，同时提供了统一的寻址方案，因此它屏蔽了底层的技术细节，把各种网络统一到了一个逻辑平台上。网络层传输的数据单位称为分组。

网络层具体解决了以下问题。

（1）提供网络层的地址（IP 地址），并进行不同网络系统间的路径选择。

（2）数据包的分割和重新组合。

（3）差错校验和恢复。

（4）流量控制和拥塞控制。

路由器是工作在 OSI 参考模型中网络层的重要设备，通过网络层的地址，路由器可以为网络访问提供访问路径。同时，路由器在数据传输过程中实现流量控制和差错管理。

3.2.5　传输层

传输层位于 OSI 参考模型的第 4 层。传输层负责准确、可靠地将数据从网络的一端传输到另一端。OSI 参考模型下面 3 层提供的数据并不是完全可靠的，传输层加强数据的传输服务，可以将下面 3 层的无连接或不受保护的通信升级为更可靠的通信。

传输层具体解决了以下问题。

（1）建立连接。

（2）保证数据无差错地传输。

3.2.6　OSI 参考模型高层

1. 会话层

会话层位于 OSI 参考模型的第 5 层。会话层主要负责管理远程用户或进程之间的通信。

会话层具体解决了以下问题。

（1）会话的建立、维护和释放。

（2）会话的管理和控制。

2. 表示层

表示层位于 OSI 参考模型的第 6 层。表示层确保一个系统的应用层发送的信息能够被另一个系统读取，也就是完成数据格式之间的转换。表示层将数据进行转换和翻译，从而使发送端和接收端都能够理解。

表示层具体解决了以下问题。

（1）确定数据的表示形式，涉及的内容包括数据格式转换、压缩与解压、加密与解密等。

（2）确定传输语法并传送。

3. 应用层

应用层处于 OSI 参考模型的顶层，直接面向用户。它为数据库访问、电子邮件、文件传输等用户应用程序提供直接服务。应用层可实现网络中一台计算机上的应用程序与另一台计算机上的应用程序之间的通信。例如，发送端和接收端都使用 MSN 进行聊天，应用层获得 MSN 通信时所需要的数据，并交给下层处理，完成通信。

应用层具体解决了以下问题。

（1）提供用户接口，得到传输的数据。

（2）提供面向用户的界面，即应用程序，使得用户可以利用这些程序完成实际的工作。

（3）涉及网络服务、服务公告及服务使用方式。

在 OSI 参考模型中，各层完成各层的功能，功能细化起来比较复杂。OSI 参考模型各层的基本功能如图 3-4 所示。

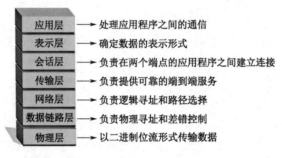

图 3-4　OSI 参考模型各层的基本功能

3.3　TCP/IP 参考模型

TCP/IP 起源于 20 世纪 70 年代，当时的 ARPANET 为了实现异种机、异种网之间的互联，大力资助网间网技术的开发与研究。1973 年，斯坦福大学的两名研究人员提出了 TCP/IP。TCP/IP 是一组重要的协议，其中 TCP 是传输控制协议，提供面向连接的服务；IP 是网际互联协议，提供无连接数据报服务和网际路由服务。

3.3.1　TCP/IP 参考模型

TCP/IP 是一组用于实现网络互联的通信协议。Internet 网络体系结构以 TCP/IP 为核心。基于 TCP/IP 的参考模型将协议分成 4 层，分别是网络接口层、网际互联层、传输层和应用层。如图 3-5 所示为 TCP/IP 参考模型的层次结构。

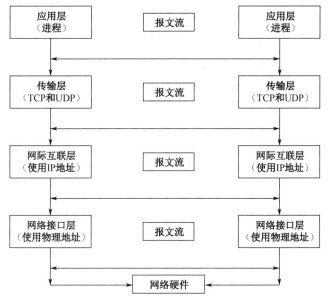

图 3-5　TCP/IP 参考模型的层次结构

3.3.2 TCP/IP 参考模型中各层的功能

1. 网络接口层

TCP/IP 参考模型的最低层是网络接口层，也称为网络访问层。在 TCP/IP 参考模型中没有详细定义这一层的功能，只是指出通信主机必须采用某种协议连接到网络上，并且能够传输网络数据。具体是哪种协议，在本层里没有规定，它包括能使用 TCP/IP 与物理网络进行通信的协议。实际上，根据主机与网络拓扑结构的不同，局域网基本上采用 IEEE 802 系列的协议，如 IEEE 802.3 以太网协议、IEEE 802.5 令牌环网协议；广域网常采用的协议有 PPP、帧中继、X.25 等。

2. 网际互联层

网际互联层是在 Internet 标准中正式定义的第一层。网际互联层主要负责在互联网上传输数据分组。网际互联层与 OSI 参考模型的网络层相对应。相当于 OSI 参考模型中网络层的数据报服务。

网际互联层是 TCP/IP 参考模型中最重要的一层，它是通信的枢纽，从低层传来的数据包要由它来选择是继续传给其他网络节点还是直接交给传输层；对从传输层传来的数据包，它负责按照数据分组的格式填充报头、选择发送路径，并交给相应的线路去发送。

在网际互联层中，主要定义了网际互联协议，即 IP 及数据分组的格式。本层还定义了地址解析协议（ARP）、反向地址解析协议（RARP）及互联网控制报文协议（ICMP）。

3. 传输层

TCP/IP 的传输层主要负责端到端的对等实体之间的通信。它的功能与 OSI 参考模型传输层的功能类似，也对高层屏蔽了底层网络的实现细节，同时真正实现了源主机到目的主机的端到端的通信。该层使用两种协议来支持数据的传送，它们是 TCP 和 UDP。

TCP 是可靠的、面向连接的协议。它用于分组交换的计算机通信网络、互联系统及类似的网络上，保证通信主机之间有可靠的字节流传输。

UDP 是一种不可靠的、无连接协议。它最大的优点是协议简单、效率较高、额外开销小，缺点是不能保证正确地传输信息，也不排除传输重复的信息。

4．应用层

在 TCP/IP 参考模型中，应用层是最高层，它的任务与 OSI 参考模型中的高三层的任务相同，都用于提供网络服务，如文件传输、远程登录、域名服务和简单网络管理等。目前，互联网上常用的应用层协议（服务）主要有以下几种。

（1）简单邮件传送协议（SMTP）。它是一种提供可靠且有效电子邮件传输的协议，主要用于传输系统之间的邮件信息并提供与来信有关的通知。

（2）超文本传输协议（HTTP）。它是互联网上应用最广泛的一种网络传输协议，提供 Web 服务，是一个客户端和服务器端请求和应答的标准，它允许将超文本标记语言（HTML）文档从 Web 服务器传输到 Web 浏览器（客户端）。

（3）远程登录协议（Telnet 协议）。它实现对主机的远程登录功能。用户在本地计算机使用 Telnet 程序连接到远程服务器，可以访问和调用远程服务器上的资源。用户在远程计算机上必须有个人用户账号或远程计算机提供公开的用户账号。Telnet 协议是常用的远程控制 Web 服务器的方法。

（4）文件传输协议（FTP）。它是互联网上客户端和服务器之间交互式文件传输的标准网络协议。通过 FTP，用户可以连接到 FTP 服务器，进行文件上传和下载，如果服务器允许用户对文件进行管理操作，还可以进行删除、移动、更名等。

（5）域名服务器（DNS）。它实现域名地址到逻辑地址（IP 地址）的自动转换。域名服务器保存了包含主机名与 IP 地址映射关系的数据库，可以响应域名查询服务请求。

3.3.3 重要协议

TCP/IP 不是一个简单的协议，而是由一组小的、专业化的协议构成的，包括 TCP、IP、UDP、ARP、ICMP，以及其他许多被称为子协议的协议。在众多的协议中，IP 和 TCP 是最重要的核心协议。

1．IP

IP 属于 TCP/IP 参考模型的网际互联层，是 TCP/IP 中用于网络连接的一种子协议，可以通过路由器跨越多个局域网或多种不同类型的网络。其基本任务是通过互联网传输数据报，提供关于数据应如何传输及传输到何处的信息，各个数据报之间是互相独立的。

IP 提供无连接的数据报服务，根据数据报首部中包括的目的 IP 地址将数据报传输到目的主机，各个数据报独立传输，源主机和目的主机之间不存在一条固定的连接通道，所以数据报可能沿不同的路径到达目的主机，也可能不会按序到达。

IP 不包含流量控制和差错控制功能，属于不可靠的协议。IP 数据报在传输途径中可能出错、重复或丢失，IP 本身不进行处理。按照 TCP/IP 的设计思想，认为数据传输的可靠性问题应由传输层的 TCP 来解决，由 TCP 进行错误检测和恢复。

IP 的效率非常高，实现起来简单，这是因为 IP 采用了尽力传输的思想，随着底层网络质量的提高，这个优势体现得会更加明显。

在互联网中，IP 网关是一个十分重要的网际部件，主要功能为“存储—寻址—转发”。IP 借助中间的一个或多个 IP 网关，实现从源网络到目的网络的寻径。它对传输层及其以上层的功能并不关心，上层信息只封装在 IP 数据报的数据部分，与反映 IP 层功能的 IP 数据报的报头部分毫不相干。

2. TCP

TCP（传输控制协议）属于 TCP/IP 参考模型的传输层，是一种面向连接的协议。在该协议上发送数据时，通信节点之间必须建立起一个连接，才能提供可靠的数据传输服务。TCP 位于 IP 的上层，通过提供差错校验、流量控制及序列信息来弥补 IP 可靠性上的缺陷。

TCP 是一种面向连接的协议，在面向连接的环境中，开始传输数据前，两个终端之间必须建立一个连接，确保通信双方在发送数据报前已准备好发送和接收数据。发送端和接收端通过请求、应答和确认 3 个步骤（3 次握手）建立 TCP 连接，之后传送数据，如图 3-6 所示。

处于通信子网和资源子网之间的传输层利用网络层提供的不可靠的、无连接的数据报服务，向上层提供可靠的面向连接的服务。为了提高网络服务的质量，保证可靠性高的数据传输，TCP 必须提供如下功能。

图 3-6　3 次握手的过程

（1）提供面向连接的进程通信。通信的双方在传输数据前必须建立连接，在数据传输完成后，任何一方都可以根据自己的情况断开连接。TCP 建立的连接是点到点的全双工连接，在建立连接后，通信双方可以同时进行数据的传输。

（2）提供差错检测和恢复机制。由于 TCP 下面的 IP 只提供了简单的分组服务，因此传输过程中可能出现各种错误情况。例如，数据报可能因为拥塞或线路故障而丢失；同一次会话中的不同数据报经过不同的路由，会使数据报的接收顺序与发送顺序不一致等。所以，TCP 要实现差错检测、恢复和排序等功能。

TCP 使用滑动窗口机制来实现差错控制，它对每一个传输的字节进行编号，每个分段中的第一字节的序号随该分段进行传输，每个 TCP 分段中还带有一个确认号，表示接收端希望接收的下一字节的序号。在 TCP 传输了一个数据分段后，把该分段的一个备份放入重新传输队列中并启动一个时钟，如果在时间超过之前得到对该分段的确认，则从队列中删除该分段；如果没有得到确认，则重新传输该分段。

（3）提供流量控制机制。在 TCP 中通过动态改变滑动窗口的大小，实现流量控制。窗口的大小表示在最近收到的确认号后允许传送的数据长度，如果窗口大小为 0，则表示当前的接收端没有能力接收另外的数据，必须等待新的确认信息改变窗口大小。此外，TCP 还可以检测网络拥塞情况，并根据它调整数据发送速率。

3. 其他协议

除 IP 和 TCP 外，传输层和网际互联层还有一些重要的协议在发挥着各自不同的作用，这些协议主要有用户数据报协议（UDP）、互联网控制报文协议（ICMP）、地址解析协议（ARP）及反向地址解析协议（RARP）。

（1）用户数据报协议。

UDP 位于 TCP/IP 参考模型的传输层，它是一种无连接的传输服务，不能保证数据报以正确的序列被接收，不提供错误校验和序列编号。然而在通过 Internet 进行实况录音或电视转播要求迅速发送数据时，UDP 的不精确性使得它比 TCP 更有效、更有用，在这种情况下，具有验证、校验和流量控制机制的 TCP 将增加太多的报头，使其发送延迟。

（2）互联网控制报文协议。

ICMP 位于 TCP/IP 参考模型网际互联层的 IP 和 TCP 之间，它不提供差错控制服务，而是仅报告哪一个网络是不可到达的、哪一个数据报因分配的生存时间过期而被抛弃。它常用于诊断实用程序中，如 Ping、Tracert。

（3）地址解析协议。

ARP 是一个网际互联层协议，用于实现 IP 地址到 MAC 地址（物理地址）的转换。它获取主机或节点的物理地址并创建一个本地数据库，以便将物理地址映射到主机 IP 地址。

（4）反向地址解析协议。

网际互联层还有一个 RARP，用于实现 MAC 地址（物理地址）到 IP 地址的转换，主要用于网络上的无盘工作站。网络上的无盘工作站在网卡上有自己的物理地址，但不知道自己的 IP 地址，为了能根据物理地址找出 IP 地址，在网络上至少要设置一个 RARP 服务器，网络管理员必须事先把网卡上的物理地址和相应的 IP 地址加入 RARP 数据库。无盘工作站是经过广播一个 RARP 请求包给网络上的所有主机来寻找自己的 IP 地址的，再由网络上的 RARP 服务器给予响应。

3.3.4 OSI 参考模型与 TCP/IP 参考模型的比较

OSI 参考模型与 TCP/IP 参考模型都采用了层次结构，将庞大且复杂的问题划分为若干个较容易处理的范围较小的问题，OSI 参考模型采用 7 层结构，而 TCP/IP 参考模型采用 4 层结构。OSI 参考模型最初只考虑使用一种标准的公用数据网将各种不同的系统互联，而 TCP/IP 参考模型从一开始就考虑多种异构网的互联问题，并将 IP 作为 TCP/IP 参考模型的重要组成部分，最终成功促进了互联网的发展。

TCP/IP 参考模型的网络接口层实际上没有真正定义，只是一些概念性的描述，其功能相当于 OSI 参考模型的物理层与数据链路层，而 OSI 参考模型不仅划分了这两层，而且详细定义每一层的功能。TCP/IP 参考模型的网际互联层相当于 OSI 参考模型中网络层上的无连接网络服务。OSI 参考模型传输层的功能与 TCP/IP 参考模型传输层的功能基本相似，都是负责为用户提供真正的端到端的通信服务，对高层屏蔽了低层网络的实现细节。所不同的是，TCP/IP 参考模型的传输层是建立在网际互联层基础上的，而网际互联层只提供无连接的服务，所以面向连接的功能完全在 TCP 中实现，当然传输层还提供无连接的服务，如 UDP；OSI 参考模型的传输层是建立在网络层基础上的，网络层既提供面向连接的服务，又提供无连接服务，但传输层只提供面向连接的服务。在 TCP/IP 参考模型中，没有会话层和表示层，事实证明，这两个层的功能可以完全包含在应用层中。

3.3.5　IP 地址

为了在网络环境下实现计算机之间的通信，网络中的任何一台计算机都必须有一个地址，而且同一个网络中的地址不允许重复。一般情况下，网络上任何两台计算机在进行数据传输时，所传输的数据开头必须包括某些附加信息，这些附加信息中最重要的是发送数据的计算机地址和接收数据的计算机地址。

IP 地址是互联网上为每台主机分配的由 32 位二进制数组成的唯一标识符，就像人们平常所说的家庭地址或单位地址，有了这个地址其他人才有可能找到。每台计算机在网络中有了 IP 地址，其他计算机才能与其进行通信。

1．IP 地址的概念

网络通信需要每个参与通信的实体都具有相应的地址，地址一般符合某种编码规则，并用一个字符串来标识一个地址，不同的网络可以有不同的编址方案，现在网络中广泛使用的是 IP 地址。

IP 地址是 Internet 上主机的编址方式，也称为网络协议地址，就是给每个接入网络的主机分配的逻辑地址，这个地址在公网上是唯一的。在单位内部的网络中，每台主机的地址也必须是唯一的，否则会出现地址冲突的现象。目前 IP 地址使用的是 IPv4 版，它由 32 位二进制数组成，为了方便用户理解和记忆，采用了点分十进制标记法，即分为 4 个字段，以×.×.×.×表示，每个×为 8 位，对应的十进制取值为 0～255。

IP 地址由网络号和主机号两部分组成，其中网络号用来标识一个物理网络，主机号用来标识这个网络中的一台主机。

例如，有一个用二进制数表示的 IP 地址 11001001 00001101 00110010 00000011，每个字段对应的十进制数值分别是 201、13、50、3，因此一个完整的 IP 地址可用点分十进制标记法表示为 201.13.50.3，如图 3-7 所示。

	网络号			主机号
二进制	11001001	00001101	00110010	00000011
十进制	201	13	50	3

图 3-7　IP 地址组成

2．IP 地址分类

目前 IP 地址采用 32 位二进制数来表示，理论上有 2^{32} 个 IP 地址，也就是约 43 亿个 IP 地址。为了更好地对这些 IP 地址进行管理，同时适应不同的网络需求，根据 IP 地址的网络位所占的位数的不同，因特网编号分配机构（IANA）将 IP 地址分为以下 5 类。

（1）A 类 IP 地址。

A 类 IP 地址中的第一个 8 位表示网络号，其余三个 8 位表示主机号。A 类 IP 地址的第一个 8 位的第一位总是被设置为 0，这也就限制了 A 类 IP 地址的第一个 8 位的值始终小于 127。

（2）B 类 IP 地址。

B 类 IP 地址中的前两个 8 位表示网络号，后两个 8 位表示主机号。同时，B 类 IP 地址的第一个 8 位的前两位总是被设置为 10，所以 B 类 IP 地址的第一段的范围为 128～191。

（3）C 类 IP 地址。

C 类 IP 地址中的前三个 8 位表示网络号，后一个 8 位表示主机号。同时，C 类 IP 地址的第一个 8 位的前三位总是被设置为 110，所以 C 类 IP 地址的第一段的范围为 192～223。

（4）D 类 IP 地址。

D 类 IP 地址用于网络中的组播，它不像 A 类、B 类、C 类 IP 地址有网络号和主机号。同时，D 类 IP 地址的第一个 8 位的前 4 位总是被设置为 1110，所以 D 类 IP 地址的第一段的范围为 224～239。

（5）E 类 IP 地址。

E 类 IP 地址被留作科研实验和将来使用，其第一个 8 位的前 4 位为 1111，所以 E 类 IP 地址的第一段的范围为 240～255。

各类 IP 地址网络号字段与主机号字段的关系如图 3-8 所示。

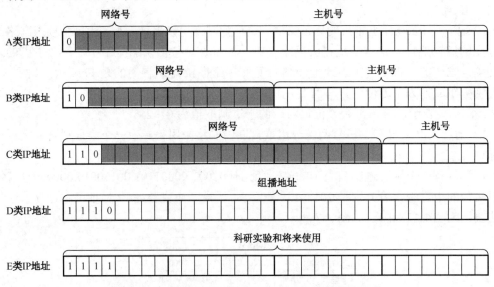

图 3-8　各类 IP 地址网络号字段与主机号字段的关系

可以看出，A 类 IP 地址的结构使每个网络拥有的主机数非常多，而 C 类 IP 地址虽然拥有的网络数目很多，但是每个网络所拥有的主机数很少。这就说明 A 类 IP 地址多为大型网络所使用，而 C 类 IP 地址支持的是大量的小型网络，各类 IP 地址的网络地址数与主机地址数如表 3-1 所示。

表 3-1　各类 IP 地址的网络地址数与主机地址数

地址类型	引导位	第一段的范围	地址结构	可用网络地址数	可用主机地址数
A 类	0	1～126	网.主.主.主	126 即 2^7-2	1777214 即 $2^{24}-2$
B 类	10	128～191	网.网.主.主	16383 即 $2^{14}-1$	65534 即 $2^{16}-2$
C 类	110	192～223	网.网.网.主	209751 即 $2^{21}-1$	254 即 2^8-2
D 类	1110	224～239	组播地址		
E 类	1111	240～255	科研实验和将来使用		

其中，A 类 IP 地址 0 和 127 这两个网络号保留，实际可指派的网络号有 126 个；B 类 IP 地址 128.0 不指派，所以 B 类网络可用个数为 $2^{14}-1$ 个；C 类 IP 地址 192.0.0 也不指派，网络可用个数为 $2^{21}-1$ 个。

3．特殊的 IP 地址

IP 地址除可以表示主机的一个物理连接外，还有几种特殊的表现形式，这些特殊的 IP 地址作为保留地址，从不分配给主机使用。

（1）网络地址。

在互联网中经常需要使用网络地址，用来标识一个网络，那么怎样表示一个网络地址呢？IP 地址方案中规定，网络地址是由一个有效的网络号和一个全"0"的主机号构成的。例如，在 A 类网络中，地址 120.0.0.0 就表示该网络的网络地址；在 B 类网络中，地址 180.10.0.0 就表示该网络的网络地址；在 C 类网络中，地址 202.80.120.0 就表示该网络的网络地址。

（2）广播地址。

当一个设备向网络上所有的设备发送数据时，就产生了广播。为了使网络上所有设备能够注意到这样一个广播，广播地址要有别于其他的 IP 地址，通常这样的 IP 地址以全"1"结尾。

IP 广播地址有两种形式：直接广播和有限广播。

① 直接广播。如果广播地址包含一个有效的网络号和一个全"1"的主机号，则在技术上将其称为直接广播地址。在互联网中，任意一台主机均可以向其他网络进行直接广播。

例如，C 类 IP 地址 202.80.120.255 就是一个直接广播地址。网络中的一台主机如果使用该 IP 地址作为数据报的目的 IP 地址，那么这个数据报将同时发送给 202.80.120.0 网络上的所有主机。

② 有限广播。IP 地址的 32 位全为 "1"（255.255.255.255）的本地广播地址被称为有限广播地址。有限广播将广播限制在最小的范围内，如果采用标准 IP 编址，那么有限广播将被限制在本网络中；如果采用子网编址，那么有限广播将被限制在本子网中。

（3）回送地址。

A 类网络地址 127.0.0.0 是一个保留地址，用于网络软件测试及本地计算机进程间的通信。这个 IP 地址被称为回送地址。无论什么程序，一旦使用回送地址发送数据，协议软件不进行任何网络传输，立即将之返回。因此，含有网络号 127 的数据报不可能出现在任何网络上。

（4）专用 IP 地址。

专用 IP 地址是在所有 IP 地址中专门保留的三个区域的 IP 地址，分别属于 A 类、B 类和 C 类地址空间的 3 个地址段，这些 IP 地址不在公网上分配，专门留给用户组建内部网络使用，也被称为私有 IP 地址。使用专用地址的主机要访问互联网资源，可通过网络地址转换（NAT）功能将该地址转换为一个有效的公有地址。专用地址是可重复使用的，能够满足任何规模的企业和机构应用，其地址范围如表 3-2 所示。

表 3-2 专用 IP 地址范围

地 址 类 型	地 址 段	IP 地址个数
A 类	10.0.0.0～10.255.255.255	2^{24}，约 1700 万个
B 类	172.16.0.0～172.31.255.255	2^{20}，约 100 万个
C 类	192.168.0.0～192.168.255.255	2^{16}，约 6.5 万个

4．IP 地址分配原则

使用 IP 地址必须遵循以下原则，并且一些 IP 地址被用于特殊的 TCP/IP 通信，任何时候都不能使用。

（1）只有 A、B、C 三类 IP 地址可以分配给计算机和网络设备。

（2）IP 地址的第一段不能为 127，保留以做测试使用。

（3）网络号不能全为 0，也不能全为 1，全为 0 表示主机地址，全为 1 表示网络掩码。

（4）主机号不能全为 0，也不能全为 1，全为 0 表示网络地址，全为 1 表示广播地址。

（5）IP 地址在网络中必须唯一。

3.3.6 子网与子网掩码

在互联网中，A 类、B 类和 C 类 IP 地址是经常使用的 IP 地址，经过网络号和主机号的划分，它们能适应不同的网络规模。但仅靠 A 类、B 类、C 类网络地址来划分网络会有许多问题，如 A 类 IP 地址和 B 类 IP 地址都允许一个网络中包含大量的主机，如表 3-3 所示。但实际上不可能将这么多主机连接到一个单一的网络中，不仅会降低互联网地址的利用率，还会给网络寻址和管理带来很大的困难。因此在实际应用中，通过在网络中引入子网来解决这个问题。

表 3-3　IP 地址的使用范围

地 址 类 型	最大网络数	第一个可用网络号	最后一个可用网络号	每个网络中最大主机数
A 类	126	1	126	16777214
B 类	16383	128.1	191.255	65534
C 类	2097151	192.0.1	223.255.255	254

1．子网

A 类网络包含多于 1600 万个 IP 地址，B 类网络包含多于 65000 个 IP 地址。单独来看，这个数字已经比较大了。如果将这么多台计算机放在一起工作，网络管理的难度就太大了。如果使用一个 A 类或 B 类的网络来连接一个含有数百台设备的局域网，那么必将有很多 IP 地址没有使用，造成浪费。在实际工作中，可以采用将网络划分成多个小网络的方法来解决这个问题。将网络内部划分成多个部分，各部分单独工作，在互联网文献中，这些部分被称为子网。

2．子网掩码

子网掩码（Subnet Mask）又被称为网络掩码或地址掩码，是一种用来指明一个 IP 地址的哪些位标识的是主机所在的子网，以及哪些位标识的是主机号的掩码。子网掩码不能单独存在，它必须结合 IP 地址一起使用。在 IP 地址中，网络号和主机号是通过子网掩码来分开的。每个子网掩码是一个 32 位的二进制数，一般由两部分组成，前半部分使用连续的"1"来标识网络号，后半部分使用连续的"0"来标识主机号。

各类网络的默认子网掩码如下。

A 类 11111111　00000000　00000000　00000000，十进制数表示为 255.0.0.0。

B 类 11111111　11111111　00000000　00000000，十进制数表示为 255.255.0.0。

C 类 11111111　11111111　11111111　00000000，十进制数表示为 255.255.255.0。

子网掩码的主要作用是区分 IP 地址中的网络号部分和主机号部分，并且利用它可以将网络划分为若干个子网。使用 IP 地址与子网掩码进行"与"运算所得出的结果就是网络地址。

例如，对于一个 IP 地址为 131.110.133.15 的主机，由于处于 B 类网络中，因此在默认情况下，该 IP 地址使用的子网掩码为 255.255.0.0（11111111 11111111 00000000 00000000），表示网络号部分有 16 位，主机号部分也有 16 位，将 IP 地址与子网掩码进行"与"运算所得出的网络地址是 131.110.0.0。

IP 地址	10000011	01101110	10000101	00001111
子网掩码	11111111	11111111	00000000	00000000
网络地址	10000011	01101110	00000000	00000000
十进制表示	131.110.0.0			

有了网络号，就可以确定如何发送数据报了。每台主机在发送数据报前，都要通过子网掩码判断是否应将数据报发往路由器。TCP/IP 将目标 IP 地址与本机子网掩码进行"与"运算，得出目标主机网络号，将目标主机网络号与本机网络号进行比较，看看是否相等。如果相等，则说明目标主机就在本子网内，应直接将数据报发送给目标主机；如果不相等，则说明目标主机不在本子网内，应将数据报发送给路由器。

例如，IP 地址分别为 192.160.4.1 和 192.168.4.100 的两台计算机，子网掩码为默认的 255.255.255.0，判断它们是否处于同一个网络中。

通过分析，这两台主机的网络地址均为 192.160.4.0，表示它们属于同一个网络，可直接传输数据，如表 3-4 和表 3-5 所示。

表 3-4　网络地址计算 1

类　别	十进制表示	二进制表示
IP 地址	192.160.4.1	11000000 10100000 00000100 00000001
子网掩码	255.255.255.0	11111111 11111111 11111111 00000000
网络地址	192.160.4.0	11000000 10100000 00000100 00000000

表 3-5　网络地址计算 2

类　别	十进制表示	二进制表示
IP 地址	192.160.4.100	11000000 10100000 00000100 01100100
子网掩码	255.255.255.0	11111111 11111111 11111111 00000000
网络地址	192.160.4.0	11000000 10100000 00000100 00000000

子网划分的方法实际上可以认为是从标准 IP 地址的主机号部分借位并将它们指定为子网号部分，即将主机号标识分为两部分：子网号和子网主机号。形式如图 3-9 所示。

网络号	主机号		标准 IP 地址
网络号	子网号	子网主机号	子网 IP 地址

图 3-9　子网划分

那么上例中 IP 地址分别为 192.160.4.1 和 192.168.4.100 的两台计算机所处的网络现要划分子网，假设从主机号部分借了 3 位，子网掩码由默认值 255.255.255.0 改为 255.255.255.224，判断两台主机当前是否还处于同一个网络中，如表 3-6 和表 3-7 所示。通过分析，这两台主机的网络地址分别为 192.160.4.0 和 192.160.4.96，表示它们不属于同一个网络，若需交换数据，就要通过路由器转发。

表 3-6　子网地址计算 1

类　别	十进制表示	二进制表示
IP 地址	192.160.4.1	11000000 10100000 00000100 00000001
子网掩码	255.255.255.224	11111111 11111111 11111111 11100000
网络地址	192.160.4.0	11000000 10100000 00000100 00000000

表 3-7　子网地址计算 2

类　别	十进制表示	二进制表示
IP 地址	192.160.4.100	11000000 10100000 00000100 01100100
子网掩码	255.255.255.224	11111111 11111111 11111111 11100000
网络地址	192.160.4.96	11000000 10100000 00000100 01100000

3. 子网设计

设从主机号部分借用 n 位给子网，剩下 m 位作为主机号，那么生成的子网数量为 2^n-2

个，每个子网具有的主机数量为 2^m-2 台。设计的基本过程如下。

（1）根据所要求的子网数和主机数量公式 2^n-2 推算出 n，n 应是一个最小的接近要求的正整数。

（2）求相应的子网掩码，即用默认掩码加上从主机号部分借出的 n 位组成新的掩码。

（3）子网部分写成二进制数，列出所有子网和主机地址，去除全"0"和全"1"地址。

例 1　一个 C 类地址 192.168.2.0/26，该网络可以划分为几个子网？每个子网可容纳多少台主机？

这是一个 C 类网络，正常情况下，主机号是 8 位，网络号是 24 位，子网掩码全"1"位是 24 位。而本例的子网掩码全"1"位为 26 位，说明网络号从主机号借了 2 位地址用于子网的编码，所以子网掩码的二进制数表示法为 11111111　11111111　11111111　11000000，即 255.255.255.192

由于是 C 类地址，因此主机标志位原为 8 位，现从中借出 2 位，即 $n=2$。

那么，$m=8-2=6$。

依据上面的分析，可得出子网数为 $2^2-2=2$ 个，每个子网的主机数为 $2^6-2=62$ 台。

例 2　某 C 类网络的网络地址为 192.168.132.0，网内有 252 台主机。为了管理需要，要将该网络分成 6 个子网，每个子网能容纳 30 台主机。请给出子网掩码和对应的地址空间。

这是一个 C 类网络，正常情况下，主机号是 8 位，网络号是 24 位，子网掩码全"1"位是 24 位。本例要求将网络分为 6 个子网，每个子网中能够容纳 30 台主机。

$2^5=32>30$，也就是说，主机号只需要有 5 位就可以了。主机号可以借出 3 位给网络号，$2^3-2=6$，正好满足 6 个子网的要求。子网掩码的长度为 24+3=27 位，子网掩码的最后一个字节就是 11100000，该网络的子网掩码 255.255.255.224。

IP 地址空间的规划如表 3-8 所示。子网部分写成二进制数，列出所有子网和主机地址，并去除全"0"和全"1"。

表 3-8　IP 地址空间的规划表

| 子　网　号 | 主机号 1 | 主机号 2 | 主机号 3 | …… | 主机号 31 | 主机号 32 |
	00000	00001	00010	……	11110	11111
000	0	1	2	……	30	31
001	32	33	34	……	62	63
010	64	65	66	……	94	95
011	96	97	98	……	126	127
100	128	129	130	……	158	159
101	160	161	162	……	190	191
110	192	193	194	……	222	223
111	224	225	226	……	254	255

表 3-8 中给出的是子网部分的 IP 地址分配情况，主机号与子网号交叉的单元即该子网内的一个 IP 地址的最后一字节的二进制值。例如，子网号"010"与主机号 2 交叉的单元，取值为"65"，该 IP 地址为 192.168.132.65。在表 3-8 中，对应每个子网，分别包含 $2^5=32$ 个 IP 地址。子网号为"000"和"111"的两行、主机号为"00000"和"11111"的两列均需要排除，因此实际可用的子网划分情况如下：

001 子网对应的地址范围：192.168.132.33～192.168.132.62

010 子网对应的地址范围：192.168.132.65～192.168.132.94

011 子网对应的地址范围：192.168.132.97～192.168.132.126

100 子网对应的地址范围：192.168.132.129～192.168.132.158

101 子网对应的地址范围：192.168.132.161～192.168.132.190

110 子网对应的地址范围：192.168.132.193～192.168.132.222

例 3 网络地址为 172.30.0.0，每个子网需要容纳 700 台主机，子网掩码该如何设置？

这是一个 B 类网络，正常情况下，主机号是 16 位，网络号也是 16 位，子网掩码全"1"位是 16 位。本例对网络进行划分，每个子网中能够容纳 700 台主机。

$$2^9=512<700<1024=2^{10}$$

m 取 10；网络号和子网号位数是 32–10=22，即子网掩码中全"1"位数为 22，表示网络号部分向主机号部分借了 6 位用于网络编址，子网掩码为 11111111 11111111 11111100 00000000，对应的子网掩码为 255.255.252.0。

例 4 某网络，网络地址为 172.19.0.0，子网掩码为 255.255.248.0，该网络可以划分为几个子网？每个子网有多少个有效 IP 地址？

由网络地址可知，这是一个 B 类网络，默认子网掩码为 255.255.0.0。现在其子网掩码为 255.255.248.0，将 248 转换为二进制数 11111000，可知网络号部分从主机号部分借了 5 位划分子网，即 $n=5$，$m=16–5=11$。

所以，划分的子网数为 $2^5–2=30$ 个；每个子网有效 IP 数为 $2^{11}–2=2046$ 个。

对于 C 类网络和 B 类网络，可以按照表 3-9 和表 3-10 所示的子网位数、子网掩码、可容纳的子网数和主机数的对应关系进行子网规划与划分。

表 3-9 C 类网络子网划分关系表

子 网 位 数	子 网 掩 码	子网数（个）	主机数（个）
2	255.255.255.192	2	62
3	255.255.255.224	6	30
4	255.255.255.240	14	14
5	255.255.255.248	30	6
6	255.255.255.252	62	2

表 3-10 B 类网络子网划分关系表

子 网 位 数	子 网 掩 码	子网数（个）	主机数（个）
2	255.255.192.0	2	16382
3	255.255.224.0	6	8190
4	255.255.240.0	14	4094
5	255.255.248.0	30	2046
6	255.255.252.0	62	1022
7	255.255.254.0	126	510
8	255.255.255.0	254	254
9	255.255.255.128	510	126
10	255.255.255.192	1022	62

续表

子 网 位 数	子 网 掩 码	子网数（个）	主机数（个）
11	255.255.255.224	2046	30
12	255.255.255.240	4094	14
13	255.255.255.248	8190	6
14	255.255.255.252	16382	2

3.3.7　IPv6

IPv6 是 IP 的第 6 版本，是作为 IPv4 的后继者而被设计的新版本。

IPv4 最大的问题在于网络地址资源有限，已严重制约了互联网的应用和发展，因特网工程任务组（IETF）于 1992 年开始规划 IPv4 的下一代协议，1994 年正式提出 IPv6 发展计划，最终在 1998 年 12 月正式发布了互联网标准规范 RFC2460，明确定义了 IPv6。IPv6 继承了 IPv4 的优点，并根据 IPv4 多年来运行的经验进行了大幅度的修改和功能扩充，处理性能更加强大、高效，是下一代互联网可采用的比较合理的协议。

1. IPv6 的特点

（1）扩大了地址空间。IPv6 的地址长度为 128 位，可以提供多达 3.4×10^{38} 个地址，这个空间大到无法想象，地球上每平方米都可以有 7×10^{23} 个 IP 地址。

（2）IPv6 具有更高的安全性。在使用 IPv6 网络时，用户可以对网络层的数据进行加密并对 IP 报文进行校验，IPv6 中的加密与鉴别选项提供了分组的保密性与完整性，极大地增强了网络的安全性。

（3）全新的地址配置方式。大容量的地址空间能够真正地实现无状态地址自动配置，使 IPv6 终端能够快速地连接到网络，无须人工配置，实现了真正的即插即用。

（4）IPv6 在移动网络和实时通信方面有很多改进。由于 IPv6 具有强大的自动配置能力，因此简化了移动主机和局域网的系统管理。

（5）IPv6 使用更小的路由表。IPv6 的地址分配一开始就遵循聚类的原则，使得路由器能在路由表中用一条记录表示一片子网，大大缩短了路由器中路由表的长度，提高了路由器转发数据包的速度。

2. IPv6 地址表示方法

因为 IPv6 的地址长度为 128 位，是 IPv4 地址长度的 4 倍，所以 IPv4 点分十进制格式不再适用，IPv6 地址使用十六进制表示。

IPv6 地址有以下 3 种表示方法。

（1）冒号十六进制表示法。

冒号十六进制表示法是 IPv6 地址的完整形式，将 128 位的地址划分成 8 个段，每段 16 位，被转换成 4 位十六进制数，中间用冒号分隔。

格式：×:×:×:×:×:×:×:×（其中×代表十六进制数值）

例如：21DA:00D3:0000:2F3B:02AA:00FF:FE28:9C5A

（2）零压缩表示法。

完整的 IPv6 地址格式太长，可以采用零压缩法对这个地址进行压缩来缩短其长度，具体通过下面两种方法实现，这两种方法既可以单独使用，也可以同时使用。

① 当 IPv6 地址中存在一个或多个前导"0"的字段时，可将每段的前导"0"省略，但是每段都至少有一个数字。

例如：2000:0000:0000:0000:0001:2345:6789:abcd

2000:0:0:0:1:2345:6789:abcd

② 某些地址中可能包含很长的"0"序列，为进一步简化表示法，可以将冒号十六进制表示法中相邻的连续"0"位合并，用双冒号"::"表示。每个地址中只能出现一次"::"，限制的目的是能准确还原被压缩的"0"，否则就无法确定每个"::"代表多少个"0"。

例如：FE80:0000:0000:0000:AAAA:0000:00C2:0002

FE80::AAAA:0000:00C2:0002

同时，前导的"0"也可以省略。因此还可以写成 FE80::AAAA: 0: C2:2 形式。

（3）内嵌 IPv4 地址表示法。

为了实现 IPv4—IPv6 互通，IPv4 地址会嵌入 IPv6 地址中，此时地址表示为×:×:×:×:×:×:d.d.d.d，前 96 位地址采用冒号十六进制表示法，而最后 32 位地址则使用 IPv4 的点分十进制表示法，如 0:0:0:0:0:FFFF:128.144.52.38。

目前 IPv4 兼容地址已经被舍弃了，今后的设备和程序中可能不会支持这种地址格式。

3．IPv6 地址类型

IPv6 地址是单个或一组接口的 128 位标识符，所有的 IPv6 地址都被分配到接口，而非节点。由于每个接口都属于某个特定节点，因此节点的任意一个接口地址都可用来标识这个节点。

IPv6 地址通过地址前缀定义了 3 种类型。

（1）单播地址（Unicast Address）：用来标识单一网络接口。目标地址是单播地址的数据包将发送给该地址标识的网络接口，对于有多个接口的节点，它的任何一个单播地址都可以用作该节点的标识符。

（2）任播地址（Anycast Address）：用来标识一组网络接口（通常这组接口属于不同的节点）。目标地址是任播地址的数据包将发送给其中路由意义上最近的一个网络接口。

（3）组播地址（Multicast Address）：也称多播地址，用来标识一组网络接口（通常这组接口属于不同的节点）。目标地址是组播地址的数据包将发送给本组中所有的网络接口，适合一点对多点的通信场合。

中国互联网络信息中心（CNNIC）发布资料显示，截至 2021 年 12 月，我国 IPv6 地址数量为 63052 块/32，位居世界第一，IPv6 活跃用户数达 6.08 亿。

根服务器负责互联网顶级的域名解析，被称为互联网的"中枢神经"。美国利用先发优势主导的根服务器治理体系已延续近 30 年，在 IPv4 体系内，全球共有 13 台根服务器，唯一的主根服务器部署在美国，其余 12 台辅根服务器有 9 台部署在美国、2 台部署在欧洲，1台部署在日本。中国抓住 IPv6 在全球开始普及的历史机遇，2013 年联合日本、美国相关运营机构和专业人士，发起"雪人计划"，提出以 IPv6 为基础、面向新兴应用、自主可控的一整套根服务器解决方案和技术体系。在与现有 IPv4 根服务器体系架构充分兼容的基础上，"雪人计划" 于 2016 年在中国、美国、日本、印度等 16 个国家完成 25 台 IPv6 根服务器的架设，目前我国一共部署了 4 台，其中包括 1 台主根服务器和 3 台辅根服务器，打破了中国过去没有根服务器的局面，巩固了自身的网络主权和信息安全，还创建了一个公平合理、互利共赢的互联网治理新体系。

IPv4 升级为 IPv6 不像系统升级那么简单，这其中涉及网络架构调整、网络设备更迭、网络协议支持等问题，不过，物联网时代在即，IPv6 的全面普及已经刻不容缓，取代 IPv4 是必然发展趋势。了解和研究 IPv6 的重要特性及针对目前 IP 网络存在的问题而提供的解决方案，对于制定企业网络的长期发展计划，规划网络应用的未来发展方向，都是十分有益的。

预计到 2025 年年末，我国 IPv6 网络规模、用户规模、流量规模将全部位居世界第一，网络、应用、终端全面支持 IPv6，全面完成向下一代互联网的平滑演进升级，形成全球领先的下一代互联网技术产业体系。

习 题 3

一、填空题

1. OSI 参考模型规定各个计算机系统都有相同的_____，不同系统的相应层次具有相同的_____。

2. OSI 参考模型清晰地区分了服务、接口和协议 3 个概念，其中服务描述_____ _____，接口定义_____，而协议是_____ _____。

3. 在 OSI 参考模型中，_____、_____和_____属于通信子网的功能范畴，提供网络通信功能；_____、_____和_____属于资源子网的范畴，为用户提供各种网络资源及网络服务。

4. 数据链路层通过使用_____地址（又称_____地址）来寻址。

5. 网络层提供了网络地址（又称_____地址），并进行不同网络系统间的_____选择。

6. 应用层处于 OSI 参考模型的顶层，直接_____，为数据库访问、电子邮件、文件传输等用户应用程序提供_____。

7. IP 地址由_____位二进制数组成，为了方便用户理解和记忆，采用了点分十进制标记法，即分为_____个字段，每个字段为_____位，对应的十进制取值为_____。

8. IP 地址中只有 A、B、C 三类地址可以分配给_____，D 类地址用于 IP 网络中的_____，E 类地址留做_____使用。

9. 子网掩码的主要作用是区分 IP 地址中的_____和_____部分，并且利用它可以将网络_____。

10. IPv6 地址通过地址前缀定义了 3 种类型，分别是_____、_____和_____。

二、选择题

1. OSI 参考模型从上到下的层次顺序是（　　）。
   A. 物理层　数据链路层　网络层　传输层　会话层　表示层　应用层
   B. 应用层　表示层　会话层　传输层　网络层　数据链路层　物理层
   C. 网络接口层　网际互联层　传输层　应用层
   D. 应用层　表示层　会话层　传输层　网络层

2. OSI 参考模型中传输层的主要任务是向用户提供可靠的（　　）。
   A. 安全服务　　　　　　　　　　B. 点到点服务
   C. 分组交换服务　　　　　　　　D. 端到端服务

3．数据在网络层中是以（　　）方式传送的。

　　A．比特流　　　　　B．字节　　　　　　C．分组　　　　　　D．帧

4．下列协议中属于 TCP/IP 参考模型传输层协议的是（　　）。

　　A．IP　　　　　　　B．SMTP　　　　　　C．TCP　　　　　　D．HTTP

5．在互联网中，WWW 服务使用的协议是（　　）。

　　A．HTTP　　　　　B．FTP　　　　　　　C．SMTP　　　　　D．DNS

6．网络地址为 210.65.8.0 的网络，若不进行子网划分，最多可支持（　　）台主机。

　　A．254　　　　　　B．1024　　　　　　C．65534　　　　　D．16777206

7．IP 网段 192.168.1.0/26，可划分为（　　）个子网，每个子网中最多可容纳（　　）台主机。

　　A．2，62　　　　　B．6，30　　　　　　C．14，14　　　　　D．30，6

8．默认情况下，（　　）网络的子网掩码为 255.255.0.0。

　　A．A 类　　　　　　B．B 类　　　　　　C．C 类　　　　　　D．D 类

9．下列 IP 地址中可作为主机 IP 地址的是（　　）。

　　A．200.203.188.0　　　　　　　　　B．11.193.355.5

　　C．128.2.255.255　　　　　　　　　D．108.56.100.68

10．下列选项中合法的 IP 地址是（　　）。

　　A．150.58.25　　　　　　　　　　　B．118.12.201.245

　　C．228.56.208.6　　　　　　　　　　D．222.33.69.255

三、简答题

1．什么是网络体系结构？著名的网络体系结构有哪些？

2．什么是网络协议？说明其组成要素及目前常用的网络协议。

3．简述 OSI 参考模型的层次结构及各层的功能。

4．简述 TCP/IP 参考模型的层次结构及各层的功能。

5．简述 TCP/IP 参考模型中 TCP 和 UDP 各自的特点。

6．简述 IPv4 地址的概念、组成和分类。

7．简述 IPv4 地址的分类原则，并写出特殊的 IP 地址。

8．网络地址是 192.168.5.0，子网掩码为 255.255.255.240，请问该网络能够划分为几个子网？每个子网可容纳多少台主机？写出分析过程。

第 **4** 章

局域网技术

内容摘要

◆ 局域网概述
◆ IEEE 802 标准
◆ 介质访问控制方法
◆ 局域网的组成
◆ 局域网的工作模式
◆ 典型局域网
◆ 无线局域网
◆ 交换式局域网

学习目标

◆ 掌握局域网的概念与特点
◆ 理解介质访问控制方法
◆ 掌握局域网的组成与结构
◆ 掌握局域网的工作模式与特点
◆ 理解典型局域网的特点与应用
◆ 掌握无线局域网的组网方式
◆ 掌握交换式局域网的工作原理与特点

素质目标

◆ 培养学生对企业简单网络进行设计、架构的动手实践能力

◆ 培养学生在网络组建过程中，独立分析问题和解决问题的意识

◆ 增强团队互助、合作的意识

思政目标

◆ 部署网络时全方位考虑技术、安全、环境、文化、法律等因素，培养质量意识、环保意识、安全意识、信息素养、工匠精神、创新思维

◆ 培养良好的职业道德和严谨的职业素养，在组建局域网时做到一丝不苟、有条不紊

◆ 引导学生遇到问题不懈怠，努力解决，培养其坚韧不拔的意志品质，提升职业技能自信

　　局域网（LAN）是计算机网络的重要组成部分，是当今计算机网络技术应用与发展非常活跃的一个领域。企业、政府部门及住宅小区内的计算机都通过局域网连接，以达到资源共享、信息传递和数据通信的目的。而信息化进程的加快，更是刺激了人们通过局域网进行网络互联的需求。因此，理解和掌握局域网技术也就显得尤为重要。

　　局域网的发展始于 20 世纪 70 年代，至今仍是网络发展中的一个活跃领域。到了 20 世纪 90 年代，局域网更是在速度、带宽等方面有了更大进展，并且在局域网的访问、服务、管理、安全和保密等方面有了进一步的改善。例如，以太网技术从 10Mbit/s 的传输速率发展到 100Mbit/s，并继续提高至千兆位（1000Mbit/s）以太网、万兆位以太网。

4.1　局域网概述

　　局域网是小型计算机和微型计算机普及与推广之后发展起来的，是目前应用最为广泛的一种重要的基础网络，也是计算机网络技术中发展最为迅速的技术。由于局域网具有组网灵活、成本低、应用广泛、使用方便、技术简单等特点，因此已经成为该领域中最活跃的一个分支。

4.1.1 局域网的概念与特点

早期的计算机网络大多是广域网，在 20 世纪 80 年代，微型计算机的出现使计算机逐渐进入各行各业及普通家庭。计算机的大量使用，对处于一栋大楼内或位于一个部门内的人们来说，相互之间通过计算机进行信息交换和资源共享的需求越来越迫切，局域网技术就在这种情况下出现了。局域网的名字本身就隐含了这种网络在地理范围上的局域性。正是由于网络的覆盖范围较小，故局域网与广域网在技术等方面存在着一定的差别。

1. 局域网的概念

因为局域网技术发展迅速，所以很难给局域网下一个确切的定义。通常认为，局域网是最基本的计算机网络形式，是指在有限的地理区域内构建的计算机网络，可以按照 IEEE 对局域网所下的定义：局域网是一个允许很多彼此独立的计算机在适当的区域内、以适当的传输速率直接进行沟通的数据通信系统。

2. 局域网的主要特点

局域网通常被限制在中等规模的地理区域内，采用具有较快的数据传输速率和较低误码率的物理通信信道。具体来说，局域网具有以下主要特点。

（1）覆盖的地理范围小，覆盖范围一般在几米到数十千米之间，如一个房间、一幢大楼、一个工厂、一所学校、一个社区。

（2）数据传输速率较快。局域网具有较快的数据传输速率，一般不小于 10Mbit/s，以目前的技术来看，速率可达 10000Mbit/s。

（3）传输时延短、误码率低。局域网数据传输质量高，由于传输距离较短，可使用高质量的传输介质，因此传输的时延短，大约在 1ms 之内；局域网误码率一般是 $10^{-9} \sim 10^{-12}$，可靠性高。

（4）专用网络，便于管理。局域网小范围分布和高速传输的特点，使它适用于一个部门或一个单位。因此，局域网的所有权可以归某个单位所有，为单位内部使用，不需要国家通信部门参与管理。

（5）便于安装和维护，可靠性高。局域网的安装比较简单，扩充也很容易，在大量采用的星型局域网中，可以随时增加站点，而且在某些站点出现故障时，整个网络可以正常工作。局域网可以构成分布处理系统，故障站点的计算任务可以移至其他站点进行处理。

（6）影响局域网特性的主要技术因素是传输介质、拓扑结构和介质访问控制方法。

（7）如果采用宽带局域网，则可以实现对数据、语音和图像的综合传输；在基带网上，采用一定的技术，也有可能实现语音和静态图像的综合传输，可以为办公自动化提供数据传输上的支持。

（8）协议简单、结构灵活、建网成本低、周期短。因为局域网协议模型只包含 OSI 参考模型低三层（通信子网）的内容，其介质访问控制比较复杂，所以局域网的数据链路层分为 LLC 子层和 MAC 子层。局域网地理范围小，通信线路短，网络设备相对较少，因此可以节省网络建设成本，缩短建网周期。

4.1.2 局域网拓扑结构

从应用的角度来看，在中小型局域网中常用到的网络拓扑结构有总线型拓扑结构、星型拓扑结构和环型拓扑结构 3 种，如图 4-1 所示。

图 4-1　常用的局域网拓扑结构

4.1.3 IEEE 802 标准

在 20 世纪 80 年代初期，美国 IEEE 802 委员会首先制定出局域网的体系结构，即著名的 IEEE 802 参考模型。许多 802 标准现已成为 ISO 国际标准。

局域网的体系结构与广域网的体系结构有相当大的区别。按照 IEEE 802 标准，局域网的体系结构由 3 层协议构成，即物理（Physical，PHY）层、介质访问控制（Medium Access Control，MAC）层和逻辑链路控制（Logical Link Control，LLC）层。由于局域网只是一个计算机通信网，而且局域网不存在路由选择问题，因此不需要网络层，只有 OSI 参考模型最低的两个层，如图 4-2 所示。局域网的种类繁多，其介质访问控制的方法也各不相同，远远不像广域网那样简单。为了使局域网中的数据链路层不致过于复杂，就将局域网体系结构中的数据链路层划分为两个子层，即介质访问控制子层和逻辑链路控制子层，而网络的服务访问点（SAP）则在逻辑链路控制层与高层的交界面。

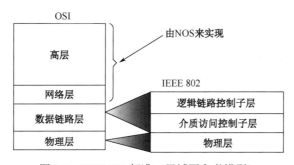

图 4-2　IEEE 802 标准（局域网参考模型）

IEEE 802 标准主要有以下几项。

（1）IEEE 802.1——概述、体系结构和网络互联，以及网络管理和性能测量。

（2）IEEE 802.2——逻辑链路控制，是高层协议与任何一种局域网 MAC 子层的接口。

（3）IEEE 802.3——CSMA/CD，定义 CSMA/CD 总线网的 MAC 子层和物理层的规约。

（4）IEEE 802.4——令牌总线网，定义令牌传递总线网的 MAC 子层和物理层的规约。

（5）IEEE 802.5——令牌环型网，定义令牌传递环型网的 MAC 子层和物理层的规约。

（6）IEEE 802.6——城域网 MAN，定义城域网的 MAC 子层和物理层的规约。

（7）IEEE 802.7——定义宽带网络技术。

（8）IEEE 802.8——定义光纤网络技术。

（9）IEEE 802.9——用于综合语音数据局域网。

（10）IEEE 802.10——定义可互操作的局域网安全性规范。

（11）IEEE 802.11——定义无线局域网标准。

（12）IEEE 802.12——定义优先级高速局域网（100Mbit/s）标准。

（13）IEEE 802.14——定义交互式电视网（Cable Modem）标准。

（14）IEEE 802.15——定义无线个人局域网（WPAN）标准。

（15）IEEE 802.16——定义宽带无线局域网标准。

这里要指出，城域网 MAN（Metropolitan Area Network）的地理范围比局域网的地理范围大，可跨越几个街区甚至整个城市。城域网具有中速到高速的通信信道，其差错率和时延可以略高于局域网的指标。一个城域网可以为一个或几个单位所拥有，也可以是一种公用设施，用来将多个局域网进行互联。城域网与局域网使用相同的体系结构，有时也常常并入局域网的范围。

4.2　介质访问控制方法

局域网中的计算机都连接在一个公共信道上，即所有节点共享介质。这个特点使得网络节点如何有序访问共享介质或如何为每个节点分配信道，成为影响局域网性能的重要因素。介质访问控制方法是在局域网中对数据传输介质进行访问和管理的方法，如图4-3所示。其主要内容有两个方面：一是确定网络上每个节点能够将信息发送到介质上去的特定时刻；二是解决如何对共享介质访问和利用加以控制。

介质访问控制在实现方式上可以分为两类：静态分配信道方法和动态分配信道方法。

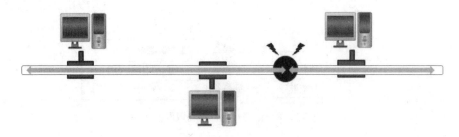

图4-3　介质访问控制方法

4.2.1　信道分配方法

1．静态分配信道方法

静态分配信道方法是传统的分配信道方法，它采用频分多路复用或时分多路复用的方法将单个信道划分后静态地分配给多个用户。当用户站点数较多，或者使用信道的站点数在不断变化，或者通信量的变化具有突发性时，静态频分多路复用方法的性能较差，因此传统的静态分配信道方法不完全适合计算机网络。

2．动态分配信道方法

动态分配信道方法就是动态地为每个用户站点分配信道使用权。动态分配信道方法通常有 3 种：轮转、预约和争用。

（1）轮转：是指使每个用户站点轮流获得发送的机会。这种技术适合交互式终端对主机的通信。

（2）预约：是指将传输介质上的时间分隔成时间片，网上用户站点若要发送，必须事先预约能占用的时间片。这种技术适合数据流的通信。

（3）争用：是指所有用户站点都能争用介质的技术。它实现起来简单，对轻负载或中等负载的系统比较有效，适合突发式通信。

争用方法属于随机访问技术，而轮转和预约方法属于控制访问技术。

4.2.2　以太网介质访问控制方法

以太网的介质访问控制方法就是带冲突检测的载波监听多路访问技术（CSMA/CD）。它的控制规则是各用户之间采用竞争方法抢占传输介质以取得发送信息的权利。CSMA/CD的工作原理可以概述为"先听后发，边听边发，冲突停发，随机重发"，它不仅体现在以太网中数据的发送过程中，还体现在数据的接收过程中。

CS——载波监听：每个节点监视网络状况，确定是否有其他节点在发送数据。

MA——多路访问：网络中的多个节点可能试图同时发送数据。

CD——冲突检测：每个节点通过比较自己发送的信息是否受损来检测信号的冲突。

冲突检测/载波监听介质访问控制的工作过程如下。

（1）发送信息的站点先"监听"信道，看是否有信号在传输，如果发现信道正忙，就继续监听。

（2）如果信道空闲，就立即发送数据。注意此时可能有两个站点或更多站点同时监听并发现信道空闲，而在信道空闲后有可能同时发送数据。

（3）发送信息的站点在发送过程中同时监听信道，检测是否有冲突发生。发生冲突的结果是双方的数据都受损。发送端通过接收信道上的数据并与发送的数据进行比较，就可以判断是否发生了冲突。

（4）当发送端检测到冲突后，就立即停止数据的传输，并向信道发送长度为 4 字节的

"干扰"信号，以确保其他站点也发现该冲突。之后等待一段时间再尝试发送。

目前，在常见的局域网中，一般都采用 CSMA/CD 的逻辑总线型网络，用户只要使用以太网卡，就具备此项功能。

4.3 局域网的组成

组成一个局域网有三大要素：网络结构、网络硬件系统及网络软件系统。在三大要素中，通常优先选择网络软件系统，根据网络软件系统选择所支持的网络结构，并由此确定网络硬件系统。在本节中将学习局域网的硬件系统及软件系统。

4.3.1 局域网的硬件系统

通常组建星型局域网需要的网络硬件主要包括服务器、网络工作站、网络适配器（网卡）、交换机及传输介质，如图 4-4 所示。

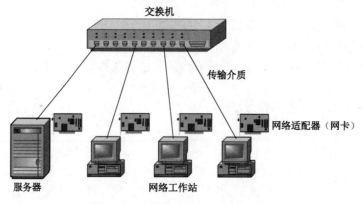

图 4-4 组建星型局域网的网络硬件

1. 服务器

服务器（Server）是以集中方式存储和管理局域网中的共享资源，为网络工作站提供服务的高性能、高配置计算机。通常运行网络操作系统，控制和协调网络中各计算机之间的工作，最大限度地满足用户的要求，并做出响应和处理。

常见的服务器类型有文件服务器、打印服务器、数据库服务器和 Web 服务器等。

文件服务器是负责数据文件存储和管理的计算机，以文件数据共享为目标，具有分时系统管理的全部功能，能够对全网实行统一的文件管理，为网络用户提供访问文件、目录的并发控制和安全保密措施等。

打印服务器是安装了打印服务程序的文件服务器或专用计算机。用户共享的打印机连在打印服务器上，在网络环境下，网上用户可将打印数据发送到打印服务器的打印队列中，将数据从打印机输出。

运行在局域网中的一台或多台计算机和数据库管理系统软件共同构成了数据库服务

器，数据库服务器为用户应用提供服务，主要包括查询、更新、事务管理、索引、高速缓存、查询优化、安全及多用户存取控制等服务。

Web 服务器是企业网络中最常见和重要的服务，采用浏览器/服务器（Browse/Server）工作模式，以主页方式存储各类信息，不仅可以用于信息发布，还是资料查询、数据处理、网络办公、视频点播、远程教育等多种应用的基础平台。

2．网络工作站

网络工作站（WorkStation）是网络用户最终的操作平台，用户通过它来访问网络的共享资源。在局域网中，根据应用的需要，工作站可以是有盘（硬盘）的，装有自己单独的操作系统（如 Windows 7 等），能独立工作；也可以是无盘的，又称为无盘工作站，这种工作站必须在网卡上安装一块专用的启动芯片，用于从服务器上引导本地系统或连接到服务器。

3．网络适配器

网络适配器又称为网络接口卡（Network Interface Card，NIC），简称网卡，是计算机网络中最基本和最重要的连接设备之一。它在网络中的主要作用：一方面负责接收网络中传输的数据包，解包后将数据通过总线传送给本地计算机，另一方面将本地计算机的数据打包后传送至网络。

网卡通常是一块独立的插件板，插在计算机主板的扩展槽中，通过网卡上的接口与网络的电缆系统连接，从而将服务器、工作站连接到传输介质上并进行电信号的匹配，实现数据传输。

网卡种类繁多，可以从多个不同的角度进行分类。其中，按网卡的应用领域可分为工作站网卡和服务器网卡，服务器网卡相对于工作站网卡来说在带宽、接口数量、稳定性、纠错等指标方面都有明显的提高，还支持冗余备份、热插拔等服务器专用功能。服务器网卡根据网络使用的传输介质，可分为有线网卡和无线网卡；按照总线接口类型一般可分为PCI 接口网卡、PCI-E 接口网卡和 USB 接口网卡等；按照网络接口类型可分为 AUI 粗同轴电缆接口网卡、BNC 细同轴电缆接口网卡、RJ-45 双绞线接口网卡和光纤接口网卡（包括ST、LC、SC、FC 等接口类型）；根据数据传输速率的不同可分为 100Mbit/s 网卡、100/1000Mbit/s 自适应网卡及万兆网卡。几种网卡实物图如图 4-5 所示。

　　（a）PCI 接口网卡　　　　　　（b）光纤接口网卡　　　　　　（c）服务器网卡

图 4-5　几种网卡实物图

在选择网卡时应从计算机总线的类型、传输介质的类型、组网的拓扑结构、节点之间的距离及网络段的最大长度等方面综合考虑。目前常用的网卡是采用 RJ-45 接口的 100/1000Mbit/s 自适应网卡。

4．交换机

交换机（Switch）是一种基于 MAC 地址识别，能完成封装转发数据帧功能的网络设备。

图 4-6　以太网交换机

它可以为接入交换机的任意两个网络节点提供独享的传输通路，完成信息交换。它的主要功能包括物理寻址、错误校验和流量控制，支持 VLAN（虚拟局域网），有的还具有路由和防火墙的功能。最常见的交换机有以太网交换机、ATM 交换机等。如图 4-6 所示为一台以太网交换机。

5．传输介质

传输介质也称为通信介质或媒体，在网络中充当数据传输的通道。传输介质决定了局域网的数据传输速率、网络段的最大长度、传输的可靠性及网卡的复杂性。

局域网的传输介质主要有双绞线、同轴电缆和光纤。

早期的局域网中使用最多的是同轴电缆。随着技术的发展，双绞线和光纤的应用越来越广泛，目前普遍在局部范围的中、高速局域网中使用双绞线，在较远范围的局域网中使用光纤。

4.3.2　局域网的软件系统

如果计算机只有硬件而没有软件，则既不能启动，也无法运行，更无法完成任何工作。同样，没有网络操作系统和网络协议的网络，也无法实现计算机之间的通信，网络设备也只能是一堆摆设。计算机在网络中的地位主要是由网络操作系统来决定的。

组建局域网的基础是网络硬件，网络的使用和维护要依赖网络软件。在局域网上使用的网络软件主要有网络操作系统、网络数据库管理系统和网络应用软件。

1．网络操作系统

网络操作系统（Network Operating System，NOS）是用来管理网络上的各种计算机，使用户能方便、有效地共享网络资源，为网络用户提供所需的各种服务的软件和有关规程的集合。网络操作系统是网络环境下用户与网络资源之间的接口，用以实现对网络的管理和控制。

网络操作系统可以用来监视网络的运行状况、管理网络的共享资源、保证资源安全、优化网络性能和排除网络故障，以确保网络能够高效、可靠地工作并为用户提供各种网络服务。与单机操作系统相比，网络操作系统偏重于将与网络活动相关的特性加以优化，即通过网络来管理诸如共享数据文件、软件应用和外部设备之类的资源。而单机操作系统则偏重于优化用户与系统的接口及在其上运行程序的应用。网络操作系统的水平决定着整个网络的水平，以及能否使所有网络用户都方便、有效地利用计算机网络的功能和资源。

目前，局域网中常用的网络操作系统有 Microsoft 公司的 Windows Server 系列（如 Windows Server 2022 等）、Linux 及功能强大的 UNIX。它们在技术、性能、功能方面各有所长，支持多种工作环境和多种网络协议，能够满足不同用户的需求，为局域网的广泛应用奠定了良好的基础。

在选择网络操作系统时，应从其对当前所组建网络的适应性和总体性能方面考虑，包括系统的效率、可靠性、安全性、可维护性、可扩展性、管理的简单方便性及应用前景等内容。

（1）Windows Server 2022。

Windows Server 系列网络操作系统由 Microsoft 公司开发，已几乎成为中小型企业局域网的标准操作系统。一是因为它继承了 Windows 家族统一的图形化界面，并且延续了 Windows 桌面操作系统的操作习惯，使用户学习、使用起来更加容易，对于网络初学者来说 Windows Sever 系统无疑是最好的选择。二是它的功能强大，基本上能满足所有中小型企业的各项网络需求。

Windows Server 2022 网络操作系统在 2021 年 11 月正式发布，这是一款专门面向企业和服务提供商的先进可靠的服务器系统，主要用于架设网站或提供各类网络服务，多应用于追求较高稳定性的工作环境，能完成更加复杂的系统架构配置和安全性要求，适合机构、企业等使用。Windows Server 2022 的主要特点：支持 48TB 内存和在 64 个物理插槽上运行的 2048 个逻辑内核；内置混合云功能让本地服务器可以像云原生资源一样在 Azure 云平台进行统一的管理；新增的安全功能结合了 Windows Server 中跨多个领域的其他安全功能，以提供针对高级威胁的深度防御和保护；默认启用了超文本传输安全协议（HTTPS）和传输层安全协议（TLS 1.3），目的在于保护连接到服务器的客户端的数据，实现尽可能多的握手加密；Windows Server 2022 中的 DNS 客户端支持基于 HTTPS 的 DNS（DoH），后者使用 HTTPS 加密 DNS 查询，有助于防止窃听和篡改用户的 DNS 数据，尽可能保护流量的私密性。

（2）UNIX。

UNIX 是 20 世纪 60 年代由美国贝尔实验室开发的一种多用户、多任务的网络操作系统，被广泛应用于网络服务器、Web 服务器、数据库服务器等高端领域。

UNIX 系统最突出的一个特点是具有高可靠性。UNIX 在用户权限、文件和目录权限、内存管理等方面都有严格的规定，使系统的安全性、稳定性得到了充分的保障。同时，在网络信息的保密性、数据的安全备份等方面也都提供了很好的保护措施。另一个主要特点是 UNIX 具有很强的联网功能，作为 Internet 技术基础的 TCP/IP 就是在 UNIX 上开发出来的，而且成为 UNIX 不可分割的组成部分，正是因为 UNIX 和 TCP/IP 的完美结合，促进了 UNIX、TCP/IP 及 Internet 的推广和普及。目前 UNIX 一直是 Internet 上各种服务器的首选操作系统。

UNIX 的缺点是系统过于庞大，命令复杂，一般用户很难掌握。同时，UNIX 的内核技术公开后，很多公司根据自身的特点和发展推出了自己的 UNIX 版本，但这些版本之间互不兼容，也成为 UNIX 系统推广应用的障碍。

（3）Linux。

Linux 是一个"类 UNIX"的操作系统，在 1991 年由芬兰赫尔辛基大学的一名学生开发。Linux 是自由软件，也称为源代码开放软件，用户可以免费获得并使用 Linux 系统，还可以继续开发及重新发布。

Linux 支持几乎所有的硬件平台，包括 Intel 及 Apple 等，并广泛支持各种周边设备。Linux 占用系统资源少，在大大降低对硬件要求的同时，更大程度上提升了系统的性能。Linux 采用包括对读和写进行权限控制及核心授权等许多安全技术措施，为网络用户提供了必要的安全保障。另外，Linux 也为用户提供了完善且强大的网络功能。

Linux 系统的缺点：版本繁多，不同版本之间存在大量的不兼容之处，同时相对于 Windows 系统来说，Linux 易用性较差。

近年来，国产化成为中国信息技术行业的重要主题，操作系统作为通用的基础软件，被称为"软件之魂"，重要性丝毫不亚于芯片，更是国产化的重要一环。Linux 操作系统被看作是我国短时间内打破国外操作系统垄断的关键，越来越多的开发者将目光投向了 Linux 这个开源操作系统，让我国摆脱对国外操作系统依赖的希望越来越大。出于技术可控和生态兼容等因素，多数国产操作系统基于 Linux 二次开发，这样能够大大降低操作系统开发的难度，出现了红旗 Linux、银河麒麟等一批优秀软件，开发人员深耕安全可控能力，软件适配多种国产 CPU，国内市场占有率长期位居前列。

总之，Linux 系统在安全性、稳定性和易维护性等方面是非常出众的，目前很多企事业单位、政府机构、高校、互联网公司的服务器采用的都是国产 Linux 操作系统。

2．网络数据库管理系统

网络数据库管理系统是一种可以将网上的各种形式的数据组织起来，科学、高效地进行存储、处理、传输和使用的系统软件。可把它当作网上的编程工具，如 MySQL、SQL Server、Oracle、Informix 等。

3．网络应用软件

网络应用软件是软件开发人员根据网络用户的需要，利用开发工具开发的能够为网络用户提供各种服务的软件。网络应用软件为用户提供访问网络的手段，用于发布或获取网络上的共享资源。例如，腾讯公司为企业开发的专业办公管理工具企业微信、Web 浏览器和 Internet 信息服务软件等。

4.4 局域网的工作模式

不同的网络模式，其工作特点和所提供的服务是不同的。因此，用户应当根据所运行的应用程序的需要，选择合适的网络模式。

局域网有以下 4 种网络模式。

- 集中式处理的主机—终端机网络模式。
- 对等网网络模式。

- 客户机/服务器网络模式。
- 浏览器/服务器网络模式。

在以上网络模式中，主机—终端机网络模式主要应用于银行等具有特殊要求的计算机网络系统，在局域网中并不多见。

4.4.1 对等网网络模式

1．对等网简介

对等网也可以说是不要服务器的局域网，它是一个分布式网络系统。在对等网中，资源和管理分散在网络中的各个工作站上，网络中的计算机之间不是"服务器/工作站"的关系，也不是"客户机/服务器"的关系。在对等网中，每台计算机都有相同的功能，没有主从之分，网上的任意节点计算机既可以作为网络服务器为其他计算机提供资源，也可以作为工作站分享其他计算机上的资源。它们之间是对等的，充分利用了点到点通信的功能。

在对等网中，各工作站除共享文件外，还可以共享打印机。对等网上的打印机可被网络上的任意节点使用，与使用本地打印机一样方便。因为对等网不需要专门的服务器来做网络支持，所以也不需要其他组件来提高网络的性能。

2．对等网的规划

对等网的规划一般比较简单，通常采用如图 4-7 所示的星型结构。

图 4-7 星型结构的对等网

星型结构的对等网用户要选购的硬件包括①交换机；②每台上网的计算机配置一块带有 RJ-45 接口的网卡；③每台上网的计算机配置一根末端装有 RJ-45 接头的双绞线，双绞线的长度视计算机与交换机的距离而定，一般在 100m 以内。

3．对等网的适用场合

对等网适用于小型办公室、实验室和家庭等小规模场所的网络，通常对网络计算机工作站的要求是最好不超过 10 台计算机，否则维护对等网会变得十分困难。因此，当用户的计算机数量不多，并以资源共享为主要目的时，建议采用这种网络结构。

4．对等网的特点

（1）主机地位相等。

当要使用网络中的某种资源时，对等网中的每台计算机都可作为客户机；当需要为网络中的其他用户提供某种资源时，对等网中的每台计算机都可作为服务器。所以，对等网中的计算机既可作为服务器，也可作为客户机。实际上，网络上所有的打印机、光驱、硬盘、调制解调器等诸多设备都能进行共享。

（2）管理方便。

对等网中的每台计算机都有绝对的自主权，自行管理自己的资源和账户，用户自行决定资源是否共享，其管理方式是分散的。但也因其安全性较差，复杂的网络管理功能（如安全的远程访问等）无法实现。

（3）成本低廉。

对等网不需要专用服务器，也不需要功能强大的交换设备，系统配置简单，维护费用低。

若用户对小型局域网的网络功能和服务要求不高，对等网就可以满足用户的需要，如办公室、家庭和游戏厅等。

4.4.2 客户机/服务器网络模式

客户机/服务器（Client/Server，C/S）网络是以服务器为中心的网络模式，也称为主—从结构网络。这种网络模式在20世纪90年代相当流行，其价格低廉，资源共享灵活简单，有良好的可扩充性。

1．客户机/服务器网络结构

客户机/服务器网络结构是在专用服务器结构的基础上发展起来的。随着局域网的不断扩大和改进，在局域网的服务器中共享文件、共享设备的服务仅仅是典型应用中很小的一部分。网络技术的发展使服务器也可以完成一部分应用处理工作。每当用户需要一个服务时，由工作站发出请求，由服务器执行相应的服务，并将服务的结果返回工作站。这时，工作站已不再运行完整的程序，其身份也从"工作站"变为"客户机"。局域网中需要处理的工作任务分配给客户机端和服务器端共同完成。

2．客户机/服务器网络模式的规划

客户机/服务器网络模式的规划通常采用星型拓扑结构，使用专用的服务器为网络用户提供服务，如图4-8所示。服务器有文件服务器、应用服务器等。服务器是局域网中的核心设备，一般由高档的计算机或专用服务器来担任。它有大容量的内存和硬盘，以及高速的CPU，服务器上安装网络操作系统，用户可以共享服务器上的网络资源。

对于星型拓扑结构的客户机/服务器网络，用户要选购的硬件包括①服务器；②交换机；③每台上网的计算机配置一块带有RJ-45接口的网卡；④每台上网的计算机配置一根末端装有RJ-45接头的双绞线，双绞线的长度视计算机与交换机的距离而定，一般在100m以内。

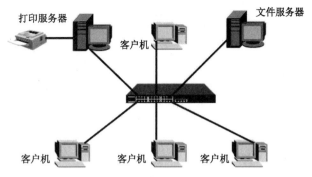

图 4-8　客户机/服务器网络模式

3．客户机/服务器网络模式的适用场合

客户机/服务器网络模式具有广泛的适用性，被应用于各种安全性能要求较高、便于管理、具有各种计算机档次的中小型网络，如公司的办公网络、工商企业网、校园网和园区网等。

4．客户机/服务器网络模式的特点

（1）分工明确。

在客户机/服务器网络模式中，计算机分工明确。服务器负责网络资源的管理和提供网络服务，客户机向服务器请求服务和访问共享资源。明确分工便于将重要的数据集中，使访问变得更加方便和安全，并且可以提供强大的网络服务。这是对等网无法做到的。

（2）集中式管理。

在这种网络模式中，服务器承担集中式网络的管理工作。从用户身份的验证到资源访问控制都是在服务器上进行的，网络管理更加方便和专业。客户机不需要进行网络管理工作，只要关注网络的使用即可。

（3）可扩充性好。

客户机/服务器网络模式的可扩充性优于对等网网络模式的可扩充性。在对等网中，添加一台主机后，由于对资源控制的需要，可能在网络中的每台主机上都进行一定的配置；在客户机/服务器网络模式中，当需要增加主机时，不需要重新设计，直接增加计算机即可。

4.4.3　浏览器/服务器网络模式

随着 Internet 和 WWW 技术的流行，以往的主机—终端机网络模式和客户机/服务器网络模式都无法满足当前全球网络开放、互联、信息随处可见和信息共享的新要求，于是出现了浏览器/服务器（Browser/Server，B/S）网络模式，它是对客户机/服务器网络模式的一种变化或改进，如图 4-9 所示。在这种网络模式下，用户工作界面通过 WWW 浏览器来实现，极少部分事务逻辑在前端（Browser）实现，而主要事务逻辑在服务器端（Server）实现，形成所谓的三层结构。这样就大大简化了客户端计算机的载荷，减轻了系统维护与升级的工作量，降低了用户的总体成本。

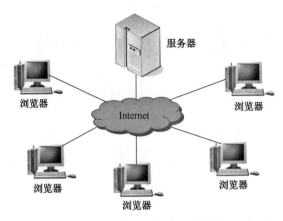

图 4-9　浏览器/服务器网络模式

　　浏览器/服务器网络模式最大的特点是用户可以通过 WWW 浏览器访问 Internet 上的文本、数据、图像、动画、视频点播和声音信息，这些信息都是由许多 Web 服务器产生的，而每个 Web 服务器又可以通过各种方式与数据库服务器连接，大量的数据实际存放在数据库服务器中。客户端除 WWW 浏览器外，一般无须任何用户程序，只需从 Web 服务器上下载程序到本地来执行，在下载过程中若遇到与数据库有关的指令，则由 Web 服务器交给数据库服务器来解释执行，并返回给 Web 服务器，Web 服务器又返回给用户。

　　在这种结构中，将许许多多的网络连接到一起，形成一个巨大的网络，即全球网络。而各个企业可以在此结构的基础上建立自己的 Intranet。

　　以目前的技术看，局域网建立浏览器/服务器结构的网络应用，并通过 Internet/Intranet 模式下的数据库应用，相对易于把握，成本也是较低的。它是一次性到位的开发，能实现不同的人员、从不同的地点、以不同的接入方式（如 LAN、WAN、Internet/Intranet 等）访问和操作共同的数据库；它能有效地保护数据平台和管理访问权限，服务器数据库也很安全，特别是在 Java 这样的跨平台语言出现之后，浏览器/服务器架构管理软件更加方便、速度快、效果优。

1．浏览器/服务器网络模式的优点

　　（1）具有分布性特点，可以随时随地进行查询、浏览等操作。

　　（2）业务扩展简单方便，通过增加网页即可增加服务器功能。

　　（3）维护简单方便，只需要改变网页，即可实现所有用户的同步更新。

　　（4）开发简单，共享性强。

2．浏览器/服务器网络模式的缺点

　　（1）个性化特点明显降低，无法实现具有个性化的功能要求。完全基于服务器，脱离服务器就无法正常运行。

　　（2）以鼠标为最基本的操作工具，无法满足快速操作的要求。用户必须使用辅助的插件，才可以用键盘进行快速操作。

　　（3）页面动态刷新，响应速度明显降低。浏览器/服务器网络模式对服务器要求过高，数据传输速度慢。

　　（4）功能弱化，难以实现传统模式下的特殊功能要求。例如，通过浏览器进行大量的

数据输入或进行报表的应答、专用性打印输出等都比较困难和不便。

（5）面临的安全威胁较大。用户都是不可知的，需要加强防护。

4.5　典型局域网

局域网作为日常生活中最常见的计算机网络，并不是千篇一律地采用同一个模式来构建的，对于不同的网络规模、网络功能，在实现方法上也有所不同。目前，常见的局域网大致分为以下 6 种类型。

4.5.1　传统以太网

以太网在已有的各种局域网标准中是应用最广泛、最成熟的一种局域网技术，由美国的施乐公司于 1975 年研制成功。采用 CSMA/CD（冲突检测/载波监听）介质访问控制方法，使用的典型拓扑结构是总线型，传输速率理论值为 10Mbit/s，实际的传输速率为 2Mbit/s～3Mbit/s，不适用于大型或忙碌的网络。常见的以太网有 4 种类型：10Base5、10Base2、10Base-T 和 10Base-F，其传输介质分别为粗缆、细缆、双绞线和光纤。

4.5.2　快速以太网

快速以太网与传统以太网类似，执行的是以太网的扩展标准，保留着传统以太网的所有特征：相同的数据格式、介质访问控制方法与组网方法，将数据发送时间由 100ns 缩短为 10ns，传输速率可达 100Mbit/s。在快速以太网标准中，应用最广泛的是 100Base-TX，规定使用两对五类非屏蔽双绞线作为传输介质，一对用于发送数据，另一对用于接收数据，每段最大长度为 100m。

4.5.3　千兆位以太网

1998 年 2 月，IEEE 802 委员会正式批准了千兆位以太网标准，它与以太网、快速以太网相似，采用同样的 CSMA/CD 介质访问控制方法和帧格式，传输速率可达 1Gbit/s，并向下兼容已有的传统以太网和快速以太网，能够将 10Mbit/s、100Mbit/s 和 1000Mbit/s 三种不同的传输速率完美地组成一个网络，是原有以太网最自然的升级途径。

千兆位以太网主要有以下 5 个标准。

（1）1000Base-SX：SX 表示短波，它是针对工作于多模光纤上的短波长（850nm）激光收发器而制定的标准，在使用纤芯直径为 62.5μm 和 50μm 的多模光纤时，传输距离分别为 275m 和 550m。

（2）1000Base-LX：LX 表示长波，它是针对工作于单模或多模光纤上的长波长（1300nm）激光收发器而制定的标准，在使用多模光纤时，传输距离为 550m。在使用单模光纤时，传输距离为 5km。

（3）1000Base-CX：CX 表示铜线，使用两对短距离的屏蔽双绞线，传输距离为 25m。适用于交换机之间的连接，尤其是主干交换机和服务器之间的短距离连接。

（4）1000Base-T：使用 4 对五类（通过 TSB-95 标准认证测试）或超五类、六类非屏蔽双绞线，4 对芯线可以同时进行全双工数据收发，传输距离最大为 100m，是使用广泛的以太局域网结构。它的优点是用户可以在原有的快速以太网系统中实现从 100Mbit/s 到 1000Mbit/s 的平滑升级。

（5）1000Base-TX：使用 4 对六类非屏蔽双绞线，其中两对线发送数据，两对线接收数据，传输距离最大为 100m。由于每对线缆本身不进行双向传输，因此线缆之间的串扰大大降低，其编码方式也相对简单，对网络的接口要求比较低，不需要非常复杂的电路设计，降低了网络接口的成本。

目前，千兆位以太网已经发展成为主流网络技术，大到成千上万人的大型企业，小到几十人的中小型企业，在建设企业局域网时都会把千兆位以太网技术作为首选的高速网络技术。

4.5.4 万兆位以太网

万兆位以太网标准在 2002 年 6 月由 IEEE 802.3 委员会制定完成。万兆位以太网仍然保持以太网的帧格式，这就使用户在将以太网升级后，仍能和低速的以太网通信。由于传输速率太高，万兆位以太网不再使用铜线而只使用光纤作为传输介质，它使用长距离（超过40km）的光收发器与单模光纤接口，以便能工作在广域网和城域网的范围。另外，万兆位以太网只能在全双工通信方式下工作，因此不会出现冲突问题，也不使用 CSMA/CD 协议。这就使得万兆位以太网的传输距离不再受冲突检测的限制。

在企业网中采用万兆位以太网可以很好地连接企业网骨干路由器，大大简化了网络拓扑结构，提高网络性能，能更好地满足网络安全、服务质量、链路保护等多个方面的需求。

4.5.5 ATM 网

ATM 即异步传输模式，是高速分组交换技术，其基本数据传输单元是信元。在 ATM 交换方式中，文本、语音、视频等所有数据被分解成长度固定的信元，信元由一个 5 字节的元头和一个 48 字节的用户数据组成，长度为 53 字节。ATM 数据传输就是在高频通道中建立虚拟通道和虚拟路径，并利用高速交换机使固定长度的信元执行非同步的信元交换，其速率可达 155Mbit/s。ATM 网具有以下优点。

（1）ATM 网的网络用户可以独享全部频宽，即使网络中增加计算机的数量，传输速率也不会降低。

（2）由于 ATM 数据被分成固定长度的信元，因此能够比传统的数据包交换更容易达到较高的传输速率。

（3）能够同时满足数据及语音、影像等多媒体数据的传输需求。

（4）可以同时应用于广域网和局域网中，无须选择路由，大大提高了广域网的传输速率。必须使用光纤作为传输介质，主要应用于主干网。

4.5.6 FDDI 网

光纤分布数据接口（FDDI）标准是由美国国家标准协会建立的一套标准，它使用基本令牌的环型体系结构，以光纤为传输介质，传输速率可达 100Mbit/s，主要用于高速网络主干网，能够满足高频宽信息的传输需求。它具有以下特点。

（1）传输介质采用光纤，抗干扰性和保密性好。

（2）为了备份和容错，一般采用双环结构，可靠性高；环的最大长度为 100km，适用场合较多。

（3）具有规模大、差错率低、传输速率高的特点，能够满足宽带应用的要求。

（4）造价太高，主要应用于大型网络的主干网。

目前以太网已成为应用最普遍的局域网，它在很大程度上取代了其他局域网标准。比如，当年 10Mbit/s 以太网最终淘汰 16Mbit/s 的令牌环网，百兆速率的快速以太网也使曾经最快的 FDDI 网变成历史。随着千兆位以太网和万兆位以太网的普及，进一步巩固和提高了以太网市场占有率，也使 ATM 网在城域网和广域网中的地位受到更加严峻的挑战。究其原因主要是以太网结构简单、易于实现、技术相对成熟、网络连接设备的成本越来越低等。以太网标准虽然较多，但互相兼容，不同类型的以太网可以很好地集成在一个局域网中，其扩展性也很好。因此，当前组建的局域网、校园网和企业网都把以太网作为首选。

4.6 无线局域网

无线局域网（WLAN）是 20 世纪 90 年代计算机网络与无线通信技术相结合的产物，它利用电磁波取代有线传输介质，实现数据的交换，构成可以互相通信和实现资源共享的网络体系。无线局域网并不是用来取代有线局域网的，而是弥补有线局域网的不足，以达到网络延伸的目的。

无线局域网技术近年来发展迅速，已经成为用户离不开的基础性网络。人们可以非常便捷地以无线方式连接网络设备，可随时访问网络资源。在推动网络技术发展的同时，无线局域网也在改变着人们的生活方式。

WLAN 可提供移动接入的功能，一般采用红外线（IR）和无线电射频（RF）技术，而无线电射频技术使用得更多一点，因为其覆盖范围更广、传输速率更高。无线局域网普遍使用 2.4GHz 频段，为各国共同的 ISM（工业、科学和医疗）频段，该频段无须许可证，只要遵守一定的发射功率（一般低于 1W），并且不会对其他频段造成干扰，即可自由使用。

4.6.1 无线局域网标准

无线局域网主要采用 IEEE 802.11 系列标准，它由 IEEE 802 标准委员会制定。

1990 年 IEEE 802 标准委员会成立 IEEE 802.11 无线局域网标准工作组，最初的无线局域网标准 IEEE 802.11 于 1997 年正式发布，该标准定义了物理层和介质访问控制（MAC）规范。物理层定义了数据传输的信号特征和调制，工作在 2.4GHz 频段。最初的无线局域网标准主要用于难于布线的环境或移动环境中计算机的无线接入，因为传输速率最高只能达到 2Mbit/s，所以主要用于数据的存取。随着无线局域网应用的不断深入，人们越来越认识到 2Mbit/s 的连接速率远远不能满足实际应用需求，于是 IEEE 802 标准委员会推出了一系列高速率的新无线局域网标准。

在 WLAN 的发展历史中，真正具有无线连接的 WLAN 标准是 1999 年 9 月正式发布的 IEEE 802.11b 标准。该标准规定无线局域网工作频段在 2.4GHz，数据传输速率最高达到 11Mbit/s。数据传输速率可根据环境干扰或传输距离等实际情况而变化，在 11Mbit/s、5.5Mbit/s、2Mbit/s、1Mbit/s 不同速率间自动切换。

为了继续提高数据传输速率，在 2001 年年底正式发布了 IEEE 802.11a 标准，该标准工作频段为商用的 5GHz，数据传输速率达到 54Mbit/s，传输距离控制在 10～100m（室内）。

IEEE 802.11b 与 IEEE 802.11a 两个标准的工作频段不一样，相互不兼容，导致一些 IEEE 802.11b 标准的无线网络设备在新的 IEEE 802.11a 网络中不能使用，于是推出一个兼容两个标准的新标准就成为迫切需求。IEEE 802.11 无线局域网标准工作组在 2003 年 6 月推出最新版本 IEEE 802.11g 标准。IEEE 802.11g 标准是为 IEEE 802.11b 提速而设计的，也工作在 2.4GHz 频段，数据传输速率达到 54Mbit/s，并且与 IEEE 802.11b 和 IEEE 802.11a 标准完全兼容。

IEEE 802.11n 是 2009 年发布的一个标准，向下兼容 802.11a/b/g 标准，最大的特点是速率得到提升，理论传输速率最高可达 600Mbit/s。802.11n 为双频工作模式，可工作在 2.4GHz 和 5GHz 两个频段，双频无线设备的优点在于具备更强的抗干扰能力、更稳定的无线信号、更快的传输速率，并且可以让无线设备更省电，满足未来高清及大数据无线传输的需求。

2013 年发布了 IEEE 802.11ac 标准，802.11ac 的核心技术主要基于 802.11a 标准，继续工作在 5GHz 频段上以保证向下兼容，不过在通道的设置上，802.11ac 沿用 802.11n 的多进多出（MIMO）技术，为传输速率达到 Gbit/s 量级打下基础。802.11ac 每个通道的工作频宽由 802.11n 的 40MHz 提升到 80MHz 甚至 160MHz，再加上大约 10%的实际频率调制效率提升，最终理论传输速率由 802.11n 最高的 600Mbit/s 跃升至 3.5Gbit/s，完全可以在一条信道上同时传输多路压缩视频流。802.11ac 可以帮助企业或家庭实现无缝漫游，并且在漫游过程中支持无线产品相应的安全、管理及诊断等应用。

2018 年 10 月，Wi-Fi 联盟正式将 802.11ax 定义为新一代的 Wi-Fi 标准，同时联盟将 Wi-Fi 标准进行了全新的命名，放弃了 802.11 命名的方案，将 802.11ax 正式命名为 Wi-Fi 6，将之前的标准 802.11n 和 802.11ac 分别更名为 Wi-Fi 4 和 Wi-Fi 5，这样可以让用户和供应商更容易区分各种 Wi-Fi 技术标准，理解几个技术标准之间的相互关系。Wi-Fi 6 向下兼容 IEEE 802.11 a/b/g/n/ac 标准，理论速率最高可以达到 9.6Gbit/s，同时支持 2.4GHz 和 5GHz 频段，覆盖范围更大。

Wi-Fi 6 不仅提升了上传和下载的速率，而且能够大幅改善网络拥堵的情况，允许更多的设备连接至无线网络，并拥有一致的高速连接体验，而这主要归功于支持数据上行/下行的 MU-MIMO 和 OFDMA 两项新技术。此外，Wi-Fi 6 采用了 TWT（目标唤醒时间）

技术，允许设备与无线路由器之间主动规划通信时间，缩短无线网络天线使用时间及信号搜索时间，能够在一定程度上减少电量消耗，提升设备续航时间。据统计，采用 TWT 技术能够节约终端功耗 30% 以上，更有利于 Wi-Fi 6 技术满足未来物联网终端对低功耗的要求。在安全层面，Wi-Fi 6 设备采用新一代 WPA 3 加密协议，可以更好地阻止强力攻击、暴力破解等，使无线网络更安全。总之，Wi-Fi 6 标准传输速率更快、时延更短、更安全、更省电。

4.6.2　无线局域网的用途

无线局域网节点之间的连接不需要电缆，在组建、使用和扩充时十分方便、灵活。它的主要用途有以下 4 个方面。

1．扩充有线局域网

通过无线访问点可以把无线局域网联入有线局域网，特别是需要把局域网的范围扩大到一些电缆布线不便的场所，这种连接方式尤为必要。

2．连接建筑物之间的局域网

被连接的局域网可以是有线的，也可以是无线的。当两个建筑物被河流、高速公路等隔开的情况下，使用无线网络连接两个建筑物之间的局域网是一种明智的选择。

3．实现漫游访问

漫游访问是指为带无线网卡的笔记本电脑等移动设备提供与有线局域网的连接。移动节点可以通过不同的访问点接入有线局域网。

4．构建临时网

使用无线网络来实现一个临时需要的对等网显然比较方便，如学术会议论文交流、交易会产品信息互通。把用户的计算机连接到一个临时的网络上，会议结束后网络自然就撤除了。

4.6.3　无线局域网的传输技术

无线局域网的传输技术常用的有两种：红外线辐射传输技术和扩展频谱技术。无线局域网中最具发展前景的、目前使用最广泛的是扩展频谱技术。

1．红外线辐射传输技术

红外线的波长比光谱颜色波的波长长，但比无线电波的波长短得多，人的肉眼是看不到红外线的。红外线不能穿透诸如墙壁等不透明物体，往往通信距离较短，但可以保证数据安全，因为在障碍物之外的人不可能直接截取红外线信号，所以比较适合近距离点对点传输的环境。但是，由于自身覆盖范围的限制，红外线并不是很适合移动连接。

2. 扩展频谱（扩频）技术

扩展频谱就是把要传送的窄带信号扩展到比原频带宽得多的频带上，使其功率频谱密度大大降低，将信号淹没在噪声中。在接收端，用相关接收的方法将宽带信号恢复成窄带信号。

在无线局域网中，大多采用扩展频谱技术，以此来提高系统性能，满足对系统提出的各种要求。采用得比较多的扩展频谱方式是直接序列扩展频谱技术和跳频扩展频谱技术两种方式。

直接序列扩展频谱技术是目前应用较广的一种扩频方式。它把要发送的信息用伪随机码（PN 码）扩展到一个很宽的频带上，在接收端，用与发射端扩展用的相同的伪随机码对接收的扩频信号进行相关处理，恢复发送的信息。对于干扰信号而言，由于与伪随机码不相关，因此在接收端被扩展，使落入信号通频带内的干扰信号功率大大降低，从而达到了抗干扰的目的，如图 4-10 所示。

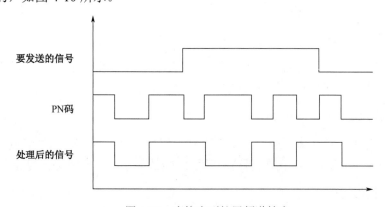

图 4-10 直接序列扩展频谱技术

跳频扩展频谱技术是指先发送数字信号，然后用载波信号调制，载波信号在一个很宽的频带上从一个频率跳变到另一个频率，如图 4-11 所示。两种扩频方式相比，如果网络所需的带宽为 2Mbit/s 或更小，则跳频扩展频谱技术是无线局域网中性价比最可取的，而直接序列扩展频谱技术具有更大的潜在数据速率，对于要求更高带宽的应用来讲是最佳选择。

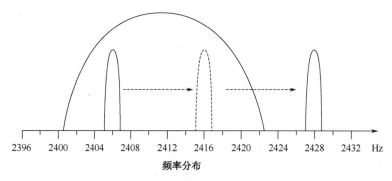

图 4-11 跳频扩展频谱技术

扩展频谱技术备受重视，它使无线局域网的抗干扰能力、多址功能、安全保密性能、抗多径干扰性能大大提高，为无线局域网的推广和应用奠定了基础。

4.6.4 无线局域网的组网方式

无线局域网采用单元结构，将各个系统分成许多单元，每个单元称为一个基本服务组，服务组的组成结构主要有两种形式：无中心无线网络拓扑结构和有中心无线网络拓扑结构。

无中心无线网络拓扑结构如图 4-12 所示。网络中任意两个站点间均可直接通信，一般使用公用广播信道，各站点都可竞争公用信道，而信道接入控制协议大多采用 CSMA（载波监测多址接入）类型的多址接入协议。这种结构的优点是网络抗毁性好、建网容易、费用较低，但当局域网中用户数（站点数）过多时，信道竞争就会成为限制网络性能的要害。同时，为了满足任意两个站点可以直接通信，网络中站点的布局受环境限制较大。这种拓扑结构一般适用于用户数相对较少的网络。

有中心无线网络拓扑结构如图 4-13 所示。网络中要求有一个无线站点作为中心，其他站点通过中心站点进行通信，所有站点对网络的访问均由其控制。由于每个站点只须在中心站点覆盖范围内就可与其他站点通信，因此网络中心站点布局受环境限制较小。有中心无线网络拓扑结构的弱点是抗毁性差，中心站点的故障容易导致整个网络瘫痪，并且中心站点的引入增加了建网成本。

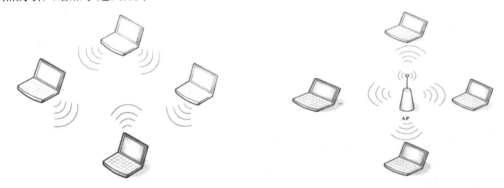

图 4-12　无中心无线网络拓扑结构　　　　图 4-13　有中心无线网络拓扑结构

在实际无线网络组网中，常常将无线网与有线主干网结合，中心站点充当无线网络与有线主干网的桥接器，如图 4-14 所示。

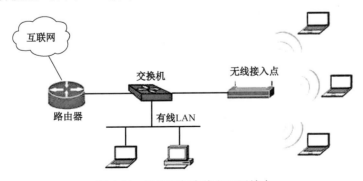

图 4-14　无线网与有线主干网结合

4.6.5 无线局域网的组网设备

一般来说，组建无线局域网需要用到的设备包括无线接入点、无线路由器、无线网卡和天线等。

1．无线接入点

无线接入点就是通常所说的 AP（Access Point），也称为无线访问点，它是大多数无线网络的中心设备。AP 在本质上是一种提供无线数据传输功能的集线器或交换机，在无线局域网和有线网络之间接收、缓冲存储和传输数据，以支持一组无线用户设备。AP 通常通过一根标准以太网网线连接到有线主干线路上，并通过内置或外接天线与无线设备进行通信，如图 4-15 所示。

2．无线路由器

无线路由器是一种带路由功能的无线接入点，它主要应用在家庭及小企业中。无线路由器具备 AP 的所有功能，如支持 DHCP、防火墙、WEP/WPA 加密等。除此之外，无线路由器还具有路由器的部分功能，如网络地址转换（NAT）。通过无线路由器能够进行跨网段数据的无线传输，从而实现网内多台设备共享 Internet 连接。现在无线路由器普遍支持 WDS（Wireless Distribution System，无线分布式系统）技术，可以将多个无线路由器连在一起，组成一个覆盖范围更大的无线网络。

无线路由器通常包含一个若干端口的交换机，可以连接若干台使用有线网卡的计算机，从而实现有线网络和无线网络的顺利过渡，如图 4-16 所示。

图 4-15　无线接入点

图 4-16　无线路由器

3．无线网卡

使用无线网络接入技术的网卡可以统称为无线网卡，是通过无线方式连接网络进行上网的无线终端设备，除具有有线网卡的网络功能外，还具有天线接口、扩频调制等功能。

无线网卡按其总线接口类型的不同，可分为 USB、PCI/PCI-E、PCMCIA、MINI PCI-E 和 M.2 等类型。

USB 接口无线网卡适用于笔记本电脑和台式计算机，具有携带方便、即插即用、支持热插拔等特点，非常适合移动办公，如图 4-17 所示。PCI/PCI-E 接口无线网卡仅适用于台式计算机，如图 4-18 所示。PCMCIA 接口无线网卡仅适用于笔记本电脑，支持热插拔，可以非常方便地实现移动式无线接入，不过现在已经趋于淘汰，如图 4-19 所示。

（a）　　　　　　　　　　　　　　　　　　　　（b）

图 4-17　USB 接口无线网卡

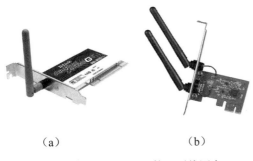

（a）　　　　　　　　　（b）

图 4-18　PCI / PCI-E 接口无线网卡

图 4-19　PCMCIA 接口无线网卡

　　目前笔记本电脑中常见的内置式无线网卡接口有两种，一种是 MINI PCI-E 接口，另一种是 M.2 接口。早期的无线网卡大多采用 MINI PCI-E 接口，而近些年产品都已升级到 M.2 接口，如图 4-20 所示。一般情况下，笔记本电脑内置的无线网卡都是可以拆卸的，但随着轻薄化理念的兴起，部分追求极致轻薄的笔记本电脑无线网卡直接封装在主板上，无法自行替换升级。

图 4-20　MINI-PCI 和 M.2 接口无线网卡

4．天线

　　在无线通信系统中，天线是收发设备与外界传输介质间的接口，相当于一个信号放大器，主要用来解决无线网络传输中因传输距离、环境影响等造成的信号衰减。随着信号的减弱，传输速率会明显下降，此时就必须借助无线天线对所接收或发送的信号进行增益。增益天线按照辐射和接收在水平面上的方向性，可分为定向天线和全向天线。定向天线具有方向性，有较大的信号强度、较高的增益和较强的抗干扰能力，通常用于点对点的环境中。全向天线具有较大的覆盖区域、较低的增益，常用于一点对多点、较远距离传输的环境中。

　　无线设备（如 AP）本身的天线只能传输较短的距离，当超出这个有限的距离后，可以通过外接天线来增强无线信号，达到延伸传输距离的目的，与接收广播电台时增加天线长度后声音会清晰很多的原理相同。

4.7　交换式局域网

在交换技术出现以前，局域网主要采用共享式技术。当采用总线型结构时，使用细缆或粗缆作为传输介质连接所有节点。当采用星型结构时，以集线器为中心节点，使用双绞线作为传输介质连接所有节点。这两种结构中的所有节点共享一条公共通信传输介质，会不可避免地发生数据传输冲突，CSMA/CD 介质访问控制机制虽然很好地解决了共享局域网中多个站点同时访问介质造成的冲突现象，但随着局域网规模的扩大及节点数的不断增加，每个节点平均能分配到的带宽越来越少。因此，当网络通信负荷加重时，冲突与重发现象大量发生，网络效率会急剧下降。为了克服网络规模与网络性能之间的矛盾，人们提出将共享介质方式改为交换方式，于是促使了交换式局域网的发展。

在交换式局域网中，所有节点都要通过交换机连接起来，交换机为节点提供存储转发和路由选择功能，使节点间能沿着指定的路径传输数据，而不是像共享式局域网那样把数据广播到每个节点。

4.7.1　交换式局域网的工作特点

交换式局域网的核心设备是以太网交换机。尽管交换机和集线器在外形上非常相似，但它们在工作原理上有着根本的区别。交换机的每个端口都能独享带宽，所有端口都能够同时进行并发通信，并且能够在全双工模式下提供双倍的传输速率。而集线器构建的网络为共享式网络，在同一时刻，只有一个接收数据端口和一个发送数据端口进行通信，所有的端口分享固有的带宽。

例如，对于普通 100Mbit/s 的共享式以太网，若共有 N 个用户，则每个用户占有的平均带宽只有总带宽（100Mbit/s）的 $1/N$。在使用以太网交换机时，虽然每个端口到主机的数据传输速率还是 100Mbit/s，但用户在通信时是独占而不是和其他网络用户共享带宽，这也是交换机的最大优点，如图 4-21 所示。

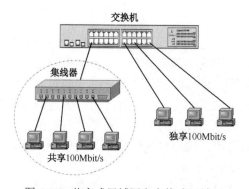

图 4-21　共享式局域网和交换式局域网

交换式局域网采用存储转发技术或直通技术来实现信息帧的转发。存储转发技术是指交换机将发送的信息帧完整接收并存放到缓存区后，进行差错检测。如果该信息帧是正确的，则根据帧目的地址发送至目的端口；如果信息帧有错误，则将其过滤掉（予以丢弃）。直通技术是在接收到信息帧时和交换机中保存的 MAC 地址表进行比较，查找到目的地址后就直接将信息帧发送到目的端口，提高了帧的转发速度，但不管该帧数据是否出错。

　　以太网交换机通常工作在 OSI 参考模型的数据链路层，也被称为第二层交换机，所采用的技术被称为"第二层交换技术"。在此交换网络环境下，用户信息只在源节点与目的节点之间进行传输，其他节点是不可见的，消除无谓的碰撞检测和出错重发，提高了传输效率。但当某个节点在网络中发送广播，或者发送了一个交换机不能识别的 MAC 地址封包时，交换机上的所有节点都将收到这个广播信息，整个交换环境构成一个大的广播域，也就是说仍可能存在"广播风暴"，从而导致网络性能下降。因此在主干网中，主交换机通常采用具有路由器功能的第三层交换机，能够有效地防止广播风暴及隔离故障，并有较强的容错能力。

　　总之，高速的交换式局域网可以提供独享带宽、短时延和易管理的局域网性能，可支持多媒体通信。

4.7.2　交换机的工作原理

　　交换机是工作在数据链路层的设备，可以识别数据包中的 MAC 地址信息，根据 MAC 地址进行数据转发，并将这些 MAC 地址与对应的端口记录在自己内部的一个地址表中。地址表中记录的是 MAC 地址与交换机端口号的对应关系等信息，交换机的工作就是围绕着这个 MAC 地址表来进行的。

　　交换式局域网工作过程如图 4-22 所示。例如，设备 A 要向设备 C 发送数据帧，当交换机从 E0 端口接收到设备 A 传来的数据帧后，先在其内存的 MAC 地址表中进行查找，确认该目的地址的网卡连接在 E2 端口，然后将该帧转发至 E2 端口，最终将数据帧送至设备 C。如果在地址表中没有找到该物理地址，也就是说，该目的物理地址是首次出现，则将其广播到所有端口。拥有该物理地址的网卡在接收到该广播帧后，会立即做出应答，从而使交换机将其端口号和物理地址添加到交换机的地址表中。

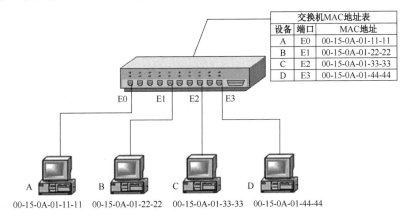

图 4-22　交换式局域网工作过程

在刚打开交换机电源时，其地址表是一片空白。那么，交换机的地址表是怎样建立起来的呢？交换机根据以太网帧中的源物理地址更新地址表。当打开一台计算机的电源后，安装在该计算机中的网卡会定期发出空闲包或信号，交换机即可据此得知它的存在及其物理地址。因为交换机能够自动根据收到的以太网帧中的源物理地址更新地址表中的内容，所以交换机使用的时间越长，地址表中存储的物理地址就越多，未知的物理地址就越少，从而广播包就越少，速度就越快。

交换机不会永久性地记住所有的端口号和物理地址的关系，因为交换机中的内存有限，能够记忆的物理地址数量也是有限的。在交换机内有一个忘却机制，当某个物理地址在一定时间内不再出现（该时间由网络工程师设定，默认为300s）时，交换机自动将该地址从地址表中清除，当下一次该地址重新出现时，交换机将其作为新地址处理，重新记入地址表。

4.7.3 交换机的分类

相对于集线器，交换机具有许多优点，因此它的应用较广泛，发展速度较快，还出现了各种类型，可以满足不同应用环境的需求。根据划分标准的不同，局域网交换机可分为多种不同的类型。

1．根据网络覆盖范围划分

（1）广域网交换机。

广域网交换机主要应用于电信城域网互联、互联网接入等领域的广域网中，提供通信用的基础平台。

（2）局域网交换机。

局域网交换机应用于局域网，用于连接终端设备，如服务器、工作站、集线器、路由器、网络打印机等网络设备，提供高速、独立的通信通道。

2．根据传输介质和传输速率划分

根据交换机使用的网络传输介质及传输速率的不同，一般可以将局域网交换机分为以太网交换机、快速以太网交换机、千兆位以太网交换机、万兆位以太网交换机、FDDI交换机、ATM交换机和令牌环交换机等，这些交换机分别适用于以太网、FDDI、ATM和令牌环网等环境。

（1）以太网交换机。

这里所指的"以太网交换机"是指带宽在100Mbit/s以下的以太网所用的交换机，其实"快速以太网交换机""千兆位以太网交换机""万兆位以太网交换机"也是以太网交换机，只不过它们所采用的协议标准或传输介质不一样，当然其接口形式也可能不一样。

以太网交换机的种类比较齐全，应用领域也非常广泛，在大大小小的局域网中都可以见到其踪影。以太网交换机包括RJ-45、BNC和AUI三种网络接口，所用的传输介质分别为双绞线、细同轴电缆和粗同轴电缆。双绞线类型的RJ-45接口在网络设备中非常普遍，一般在RJ-45接口的基础上兼顾同轴电缆介质的网络连接，配上BNC或AUI接口。如图4-23所示为一款带有RJ-45接口和AUI接口的以太网交换机产品。

（2）快速以太网交换机。

快速以太网交换机应用于传输速率为 100Mbit/s 的以太局域网络。一般来说，所采用的传输介质是双绞线，有的快速以太网交换机为了兼顾与其他光传输介质的网络互联，还会留有少数的光纤接口"SC"。如图 4-24 所示为一款快速以太网交换机产品。

图 4-23　带有 RJ-45 接口和 AUI 接口的以太网交换机　　图 4-24　快速以太网交换机

（3）千兆位以太网交换机。

千兆位以太网交换机是快速以太网交换机的升级版，其传输速率达到 1000Mbit/s。目前千兆位以太网交换机已经发展成为主流网络技术，在组建局域网时都会把它作为首选，广泛应用在金融、商业、教育等领域。所采用的传输介质有光纤和双绞线两种，对应的接口分别为"SC"和"RJ-45"。如图 4-25 所示为一款千兆位以太网交换机产品。

（4）万兆位以太网交换机。

万兆位以太网交换机主要应用于网络骨干核心层和汇聚层，具有更强的数据转发能力、完善的安全控制策略等特点，带宽需求的增加和企业应用的增长促进了其更广泛的部署。所采用的传输介质为光纤，其接口方式也为光纤接口。如图 4-26 所示为一款万兆位以太网交换机，它包括 24 个万兆光口和 6 个 40/100GE 光口。

图 4-25　千兆位以太网交换机　　　　　图 4-26　万兆位以太网交换机

3．根据应用层次划分

根据交换机所应用的网络层次，可将网络交换机分为企业级交换机、校园网交换机、部门级交换机、工作组交换机和桌面型交换机 5 种。

（1）企业级交换机。

企业级交换机属于高端交换机，一般采用模块化的结构，作为企业网络骨干设备构建高速局域网，通常用于企业网络的顶层。

企业级交换机可以提供用户化定制、优先级队列服务和网络安全控制，并能很快适应数据增长和改变的需要，从而满足用户的需求。对于有更多需求的网络，企业级交换机不仅能传送海量数据和控制信息，而且具有硬件冗余和软件可伸缩性特点，保证网络的可靠运行。企业级交换机在带宽、传输速率及背板容量上要比一般交换机高出许多，采用的端口一般都为光纤接口，传输速率通常为 1000Mbit/s 甚至 10000Mbit/s。通常认为，能支持 500 个信息点以上的大型企业应用的交换机为企业级交换机。如图 4-27 所示是一款 H3C 模块化千兆位以太网交换机，它属于企业级交换机范畴。

图 4-27 模块化千兆位以太网交换机

（2）校园网交换机。

校园网交换机主要应用于较大型的网络，一般作为网络的骨干交换机。这种交换机具有快速数据交换能力和全双工能力，具有容错等智能特性，还支持扩充选项及第三层交换中的虚拟局域网（VLAN）等多种功能。

校园网交换机通常用于分散的校园网而得名，其实它不一定应用在校园网络中，它主要应用在物理距离分散的较大型网络中。校园网交换机通常采用光纤或双绞线作为传输介质，同样使用 SC 光纤接口和 RJ-45 接口。

（3）部门级交换机。

部门级交换机是面向部门级网络使用的交换机，较前面两种交换机，它的网络规模要小得多。部门级交换机可以是固定配置，也可以是模块配置，一般除常用的 RJ-45 接口外，还带有光纤接口。

部门级交换机一般具有较为突出的智能型特点，支持基于端口的 VLAN（虚拟局域网），可实现端口管理，可对流量进行控制，有网络管理的功能，可通过计算机的串口或经过网络对交换机进行配置、监控和测试。作为骨干交换机，一般认为支持 300 个信息点以下中型企业的交换机为部门级交换机。如图 4-28 所示为一款部门级交换机。

（4）工作组交换机。

工作组交换机一般为固定配置，功能较为简单，配有一定数目的 100/1000Mbit/s 自适应 RJ-45 接口。交换机按每个包中的 MAC 地址相对简单地进行决策信息转发，这种转发决策一般不考虑包中隐藏的其他信息。

工作组交换机一般没有网络管理的功能，作为骨干交换机，一般认为支持 100 个信息点以内的交换机为工作组交换机。如图 4-29 所示为一款工作组交换机。

图 4-28 部门级交换机

图 4-29 工作组交换机

（5）桌面型交换机。

桌面型交换机是最常见的一种低档交换机，它区别于其他交换机的一个特点是支持的每个端口 MAC 地址很少，通常端口数也较少，只具备最基本的交换机特性，当然价格也是最便宜的。

桌面型交换机主要应用于小型企业或中型以上企业办公桌面。在传输速率上，目前桌面型交换机大多提供多个具有 100/1000Mbit/s 自适应能力的 RJ-45 接口。如图 4-30 所示为两款不同品牌和型号的桌面型交换机。

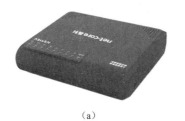　　　　　　

（a）　　　　　　　　　　　　　　　　　　　（b）

图 4-30　两款桌面型交换机

4．根据交换机的结构划分

按交换机的端口结构划分，交换机大致可分为固定端口交换机和模块化交换机两种。其实还有一种交换机是两者兼顾的，那就是在提供基本固定端口的基础上再配备一定的扩展插槽或模块。

（1）固定端口交换机。

固定端口，顾名思义就是它所带的端口是固定的，不能再扩展。这种固定端口的交换机比较常见，端口数量没有明确的规定，一般的端口标准有 5 端口、6 端口、8 端口、16 端口、24 端口、32 端口和 48 端口等。

固定端口交换机虽然相对来说价格便宜一些，但由于它只能提供有限的端口和固定类型的接口，因此无论从可连接的用户数量方面，还是从可使用的传输介质方面，都具有一定的局限性，但这种交换机在工作组中应用较多，一般适用于小型网络、桌面交换环境。如图 4-31 所示分别是 16 端口和 24 端口的交换机。

（a）　　　　　　　　　　　　　　　　　　　（b）

图 4-31　16 端口和 24 端口的交换机

固定端口交换机按其安装架构，又可分为桌面式交换机和机架式交换机。机架式交换机更易于管理，适用于较大规模的网络。它的结构尺寸符合 19 英寸国际标准，可与其他交换设备或路由器、服务器等集中安装在一个机柜中。而桌面式交换机，因为只能提供少量端口且不能安装于机柜内，所以通常只适用于小型网络。

（2）模块化交换机。

模块化交换机拥有更好的灵活性和可扩充性，用户可任意选择不同数量、不同传输速率和不同接口类型的模块，以适应千变万化的网络需求，而且都有很强的容错能力，支持交换模块的冗余备份，并且往往拥有可热插拔的双电源，以保证交换机的电力供应。

5．根据交换机工作的协议层划分

网络设备都工作在 OSI 参考模型的对应层次上，工作的层次越高，说明其设备的技术越精，性能越好，档次也越高。交换机也一样，随着交换技术的发展，交换机由原来工作在 OSI 参考模型的第二层，发展到现在有的可以工作在第四层。因此，根据交换机工作的协议层，可将交换机分为第二层交换机、第三层交换机和第四层交换机。

（1）第二层交换机。

第二层交换机是对应 OSI 参考模型的第二层来定义的，因为它只能工作在 OSI 参考模型的第二层——数据链路层。第二层交换机依赖数据链路层中的信息（如 MAC 地址）完成不同端口数据间的线速交换，主要功能包括物理编址、错误校验、帧序列及数据流控制。

目前第二层交换机应用最为普遍，主要是价格便宜，功能符合中小型企业实际应用需求，一般应用于小型企业或中型以上企业网络的桌面环境。需要说明的是，所有的交换机在协议层次上来说都是向下兼容的，也就是说所有的交换机都能够工作在第二层。

（2）第三层交换机。

第三层交换机是对应 OSI 参考模型的第三层来定义的，也就是说这类交换机可以工作在网络层，它比第二层交换机更加高档，功能更加强大。第三层交换机因为工作于 OSI 参考模型的网络层，所以具有路由功能，可将 IP 地址信息提供给网络路径选择，并实现不同网段间数据的线速交换。当网络规模较大时，可以根据特殊应用需求分为独立的 VLAN 网段，以减小广播所造成的影响。

第三层交换机通常采用模块化结构，以适应灵活配置的需要。在大、中型网络中，第三层交换机已经成为基本配置设备。如图 4-32 所示为一款第三层交换机产品。

（3）第四层交换机。

第四层交换机是采用第四层交换技术而开发出来的交换机产品，它工作于 OSI 参考模型的第四层——传输层，直接面对具体应用。第四层交换机是一类以软件技术为主、以硬件技术为辅的网络管理交换设备。它是基于 TCP/IP 应用层的用户应用交换需求的新型局域网交换机，支持第四层以下的所有协议，可识别至少 80 字节的数据包包头长度，可根据 TCP/UDP 端口号来区分数据包的应用类型，从而实现应用层的访问控制和服务质量保证。

随着信息应用水平的不断提高，对网络的需求也越来越多，越来越复杂，第四层交换机将在未来的网络环境中发挥更加重要的作用。如图 4-33 所示为一款第四层交换机产品。

图 4-32　第三层交换机产品

图 4-33　第四层交换机产品

6. 根据是否支持网络管理功能划分

按交换机是否支持网络管理功能划分，可分为网管型交换机和非网管型交换机两大类。

网管型交换机的任务是使所有的网络资源都处于良好的状态，它提供基于终端控制口（Console）、基于 Web 页面及支持 Telnet 远程登录网络等多种网络管理方式。因此，网络管理人员可以对该交换机的工作状态、网络运行状况进行本地或远程的实时监控，纵观全局地管理所有交换端口的工作状态和工作模式。目前大多数部门级以下的交换机多数都是非网管型的，只有企业级及少数部门级的交换机支持网管功能。如图 4-34 所示为一款 H3C 网管型交换机产品。

Console

图 4-34　网管型交换机产品

4.7.4　交换机的技术指标

交换机的基本技术指标较多，这些技术指标全面地反映了交换机的技术性能及其主要功能，是用户选购产品时的重要参考依据。它的主要技术指标如下。

1．端口数量

端口是指交换机连接网络传输介质的接口部分。交换机的端口大多数都是 RJ-45 接口，主要有 5 端口、8 端口、16 端口、24 端口和 48 端口等。

2．端口速率

目前千兆带宽已经全面普及，因此用户应选择 10/100/1000Mbit/s 自适应交换机，每个端口独享 1000Mbit/s 带宽。端口的实际速率并不只取决于交换机，还取决于网卡。

3．机架插槽数和扩展槽数

机架插槽数是指机架式交换机所能安插的最大模块数。扩展槽数是指固定配置式带扩展槽交换机所能安插的最大模块数。

4．背板带宽

背板是整个交换机的交通干线，类似计算机的总线，它的值越大，在各端口同时传输数据时给每个端口提供的带宽就越大，传输速率也就越快，交换机的性能也就更强。

5．支持的网络类型

固定配置式不带扩展槽的交换机仅能支持一种类型的网络，机架式交换机和固定配置式带扩展槽的交换机可以支持一种以上的网络，如以太网、快速以太网、千兆位以太网、ATM、FDDI 和令牌环网等。一台交换机所支持的网络类型越多，其可用性和可扩展性就越强。

6．MAC 地址表大小

MAC 地址表记录了相连设备的 MAC 地址和端口号之间的对应关系，交换机根据 MAC 地址表将数据帧转发到指定的主机。MAC 地址表的大小反映了一台交换机能支持的最大节点数，不同型号的交换机，MAC 地址表大小也是不同的，一般常用的是 8K、16K、24K 等。

7. 最大可堆叠数

可堆叠是指交换机可以通过专用的堆叠模块和堆叠电缆，将两台或两台以上的交换机在逻辑上合并成一台交换机，相当于扩展了端口数量，背板带宽也同步扩展，如图 4-35 所示。最大可堆叠数说明一个堆叠单元中所能提供最大端口密度与信息点的连接能力，不同款型的交换机，可堆叠的数量不一样。堆叠与级联不同，堆叠相当于并联电路，级联相当于串联电路，如图 4-36 所示。级联的交换机之间可以相距很远（在传输介质许可范围内），而一个堆叠单元内的多台交换机之间的距离非常近，一般不超过几米。

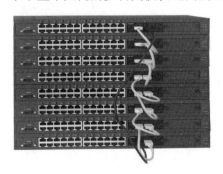

图 4-35　交换机堆叠

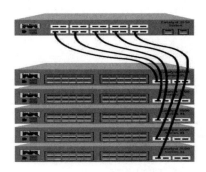

图 4-36　交换机级联

8. 可网管

网管是指网络管理员通过网络管理程序对网络上的资源进行集中化管理，包括配置管理、性能和记账管理、问题管理、操作管理和变化管理等。一般交换机厂商会提供管理软件或第三方管理软件来远程管理交换机。

可网管交换机是指符合 SNMP（简单网络管理协议）规范、能够通过软件手段进行诸如查看交换机的工作状态、开通或封闭某些端口等管理操作的交换机。网络管理界面分为命令行（CLI）方式与图形用户界面（GUI）方式，不同的管理程序反映了该设备的可管理性及可操作性。

9. 支持的协议和标准

局域网交换机所支持的协议和标准内容，直接决定了交换机的网络适应能力。这些协议和标准一般是指由国际标准化组织所制定的联网规范和设备标准。由于交换机工作在第二层或第三层上，因此工作中要涉及第三层以下的各类协议。

10. 缓冲区大小

缓冲区大小又称为包缓冲区大小，是一种队列结构，被交换机用来协调不同网络设备之间的速度匹配问题。突发数据可以存储在缓冲区内，直到被慢速设备处理。缓冲区大小要适度，过大的缓冲空间会影响正常通信状态下数据包的转发速率（因为过大的缓冲空间需要相对多一点的寻址时间），并增加设备的成本。过小的缓冲空间在发生拥塞时又容易丢包出错。所以，适当的缓冲空间加上先进的缓冲调度算法是解决缓冲问题的合理方式。

习　题　4

一、填空题

1．以太网介质访问控制方法——载波监听/冲突检测（CSMA/CD）的工作原理可以概括为"先听后发，_____，冲突停发，_____"。

2．目前局域网的工作模式主要有_____、_____和_____三种。

3．网卡按总线接口类型一般可分为 PCI 接口网卡、_____接口网卡和_____接口网卡。

4．目前局域网中常用的网络操作系统有_____、_____及功能强大的_____。

5．客户机/服务器网络的主要特点是分工明确、_____和_____。

6．无线局域网采用_____，将各个系统分成许多单元，每个单元称为一个_____。

7．无线路由器是一种带_____的无线接入点，具备无线接入点的所有功能，它主要应用在家庭及小企业中。

8．共享式以太网的核心设备是_____，交换式以太网的核心设备是_____。

9．第三层交换机因为工作在 OSI 参考模型的网络层，所以具有_____。

10．将多台交换机进行互联的方式有_____和_____。

二、选择题

1．下列关于介质访问控制方法的叙述错误的是（　　　）。

  A．以太网采用 CSMA/CD 介质访问控制方法

  B．信道分配方法分为静态分配方法和动态分配方法两种

  C．规定局域网体系结构由三层协议组成

  D．介质访问控制方法是局域网中对数据传输介质进行访问管理的方法

2．一所学校多幢教学大楼内的计算机进行联网，这个网络属于（　　　）。

  A．广域网　　　　　　　　　　　B．城域网

  C．局域网　　　　　　　　　　　D．区域网

3．决定局域网特性的主要技术要素包括（　　　）、传输介质和介质访问控制方法。

  A．所使用的协议　　　　　　　　B．网络拓扑结构

  C．数据使用环境　　　　　　　　D．网络的软件

4．下列传输介质中，局域网通常不使用（　　　）。

  A．双绞线　　　　　　　　　　　B．电话线

  C．光纤　　　　　　　　　　　　D．无线电波

5．下列关于对等网的叙述错误的是（　　）。

　　A．网络中的每台计算机的地位平等

　　B．主要应用于安全性要求较高的场合

　　C．目前对等网主要采用星型拓扑结构

　　D．对等网络又称工作组网络

6．下列对浏览器/服务器模式描述不正确的是（　　）。

　　A．又称 Client/Server 模式

　　B．随着 Internet 和 WWW 技术的流行而出现，是客户机/服务器模式的改进

　　C．业务扩展简单方便，通过增加网页即可增加服务器功能

　　D．用户通过 WWW 浏览器访问 Internet 上的文本、图像、动画等信息

7．在 IEEE 802 标准体系中，定义无线局域网标准的是（　　）。

　　A．IEEE 802.3　　　　　　　　　　B．IEEE 802.5

　　C．IEEE 802.11　　　　　　　　　 D．IEEE 802.15

8．下列关于千兆位以太网的叙述错误的是（　　）。

　　A．采用 CSMA/CD 介质访问控制方法

　　B．向下兼容传统以太网和快速以太网

　　C．1000Base-T 标准使用 4 对五类非屏蔽双绞线，传输距离最大为 100m

　　D．传输速率高达 1Gbit/s

9．交换机工作在 OSI/RM 的（　　），根据（　　）进行数据转发。

　　A．物理层，MAC 地址　　　　　　　B．数据链路层，MAC 地址

　　C．网络层，IP 地址　　　　　　　　D．应用层，IP 地址

10．下列关于交换式局域网的描述正确的是（　　）。

　　A．通过广播方式发送数据

　　B．网络中的设备可独享带宽

　　C．可根据 IP 地址表实现数据转发

　　D．网络的核心设备通常是集线器

三、简答题

1．简述局域网的技术特点。

2．什么是介质访问控制方法？以太网采用哪种介质访问控制方法？

3．说明网卡的作用及分类。

4．常见的局域网类型有哪些？

5．简述星型局域网的基本组成。

第 **5** 章

网络管理与安全

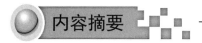

内容摘要

- ◆ 网络管理
- ◆ 网络安全
- ◆ 网络安全机制
- ◆ 防火墙技术

学习目标

- ◆ 理解网络管理的功能和协议
- ◆ 掌握网络常见故障的排除方法
- ◆ 理解网络安全的基本知识
- ◆ 掌握安全防范技术、加密技术和安全认证技术
- ◆ 掌握防火墙的作用、分类及部署

素质目标

- ◆ 掌握网络安全技术与规范，具备网络安全监控与管理能力
- ◆ 通过对网络设备的安全管理操作，培养学生良好的操作规范和职业操守
- ◆ 通过网络安全技术的更新，培养学生再学习的能力
- ◆ 通过网络安全技术的实际应用，培养学生良好的信息素养和学习能力，使其能够运用正确的方法和技巧掌握新知识、新技能

思政目标

◆ 培养学生的法律意识，熟悉相关网络安全的法律法规及产品管理规范
◆ 培养学生的网络安全意识和较强的安全判断能力，具备良好的网络行为
◆ 增强安全意识，培养诚实守信的品质
◆ 通过安全示范和引领，培养学生认真负责的工作态度和严谨细致的工作作风

随着网络技术的快速发展及网络连接范围的扩大，计算机网络已经和国家的经济、教育、军事、科技，乃至政治紧密结合在一起。在享受计算机网络带来巨大便利的同时，有一个问题越来越成为人们关注的焦点，那就是网络的安全性。网络是一个开放的信息系统，必然存在着诸多潜在的安全隐患。网络中怀有恶意的攻击者可以窃取和篡改网络上传输的信息、通过网络非法获取储存在远程主机上的机密信息、传输大量的数据报文占用网络资源、阻止其他合法用户正常使用网络等。因此，网络安全技术作为一个独立的领域越来越受到人们的关注。

党的十九大把坚持总体国家安全观作为新时代坚持和发展中国特色社会主义的基本方略之一，明确要求必须坚持国家利益至上，以人民安全为宗旨，以政治安全为根本，统筹外部安全和内部安全、国土安全和国民安全、传统安全和非传统安全、自身安全和共同安全，完善国家安全制度体系，加强国家安全能力建设，坚决维护国家主权、安全、发展利益。

没有网络安全就没有国家安全，没有信息化就没有现代化。综观当下，信息网络技术发展迅速，对人们生活的各个领域均产生深远影响。随着全球信息时代的到来，网络空间已成为继陆、海、空、天之后的第五大主权领域空间，更生动地诠释了没有网络安全就没有国家安全。而我国作为仍在发展中的网络大国，网络安全面临严峻挑战。错综复杂的局势迫使我们将网络安全放到十分重要的地位。对网络上暴露出屡禁不止的、严重危害国家安全的、严重损害人民利益的有害信息，要针锋相对，坚决铲除，否则其危害将超出人们的想象，给国家带来不可挽回的巨大损失。当然，加强网络安全不能一味防御，要主动出击，从科技创新入手，增强核心科技能力，只有提高了网络安全的科技能力，才能使我们牢牢地掌握网络安全的主动权。

网络安全和信息化是事关国家安全和国家发展、事关广大人民群众工作和生活的重大战略问题，要从国际和国内大势出发，总体布局，统筹各方，创新发展，努力把我国建设成为网络强国。

5.1 网络管理

5.1.1 网络管理概述

随着网络技术的发展，网络对人们的意义越来越重要。网络环境已经成为一个现代化办公场所的基础，成为维持业务正常运转的基本条件。在人们对网络的依赖程度不断增加的同时，网络本身的功能及结构也变得越来越复杂，网络中资源的种类和数量也在急剧增加。如何管好、用好网络，使网络保持在一个稳定的工作状态，尽量发挥其最大作用，成为网络管理员的一项基本工作。网络系统的管理涉及网络软/硬件系统管理、辅助设施管理和用户管理等多个方面，工作复杂且十分重要。只有对网络进行有效的管理和维护，才能保持网络正常运行，为用户提供更好的网络服务。

按照国际标准化组织的定义，网络管理是指规划、监督、控制网络资源的使用和网络的各种活动，以使网络的性能达到最优。网络管理的目的在于提供对计算机网络进行规划、设计、操作运行、管理、监视、分析、控制、评估和扩展的手段，从而合理地组织和利用系统资源，提供安全、可靠、有效和友好的服务。

通俗地讲，网络管理就是通过某些方式对网络进行设计、监督和控制，使网络能正常高效地运行，并且当网络出现故障时，能够及时报告并进行处理。

5.1.2 网络管理中心与网络管理功能

1. 网络管理中心

网络管理中心通常由一组功能不同的控制设备组成，它们指挥和控制网络中心的其他设备，一起完成网络管理的任务。网络管理中心向网络中心的各种设备发出控制命令，这些设备执行命令并返回结果。除此之外，网络管理中心还可以直接收集其他设备定期或随时发来的各种统计信息和报警报告，对其进行分析，并确定进一步的控制操作。

网络管理中心的配置通常与网络管理方式及网络规模密切相关。网络管理方式主要有集中式管理和分布式管理两类，前者适合网络管理中心或直接使某台设备兼含网管功能时使用；当网络规模较大、网络设备分布较广时，由于管理信息量增多，因此通常采用分布式管理方式，并用一组网络管理中心协同进行管理。每个网络管理中心负责实施一定区域和一定层次的网络管理任务。

当网络中需要设置网络管理中心时，其核心设备是一台或几台网管服务器，网管服务器配置了海量存储设备，保存必要的系统软件映像、数据库信息和实用开发软件等。网管服务器通过与其他网络设备进行通信，自动执行网络的管理和控制，同时向操作人员显示网络运行状态，进行报警信息和统计信息的显示和打印等。鉴于网络管理中心所处的重要地位，其中的设备通常采用双机切换工作方式，以确保网络管理的高可靠性。

2．网络管理功能

一个功能完善的网络管理系统对于网络来说有着极为重要的意义。国际标准化组织在网络管理标准中定义了网络管理具有以下 5 个方面的功能。

（1）配置管理。

配置管理是指对网络中每个设备的功能、相互间的连接关系和工作参数进行监测、控制和配置调整，反映了网络状态的变化。网络是经常变化的，需要调整网络配置的原因很多，主要有以下 3 点。

① 为了给用户提供满意的服务，网络必须根据用户需求的变化，增加新的资源与设备，调整网络的规模，以提高网络的服务能力。

② 网络管理系统在检测到某个设备或线路发生故障时，以及在故障排除过程中都会影响部分网络的结构。

③ 通信子网中某个节点的故障会造成网络上节点的减少与路由的改变。

对网络配置的改变可能是临时性的，也可能是永久性的。网络管理系统必须有足够的手段来支持这些改变，不论这些改变是长期的还是短期的，有时甚至要求在短期内自动修改网络配置，以适应突发性事件的需要。

（2）故障管理。

故障管理是用来维持网络正常运行的，包括及时发现网络中发生的故障和找出网络故障产生的原因，必要时启动控制功能来排除故障。控制功能包括诊断测试、故障修复或恢复、启动备用设备等。

故障管理是网络功能中与检测设备故障、差错设备的诊断、故障设备的恢复或故障排除有关的网络管理功能，其目的是保证网络能够提供连续、可靠的服务。

（3）性能管理。

性能管理可以持续评测网络运行中的主要性能指标，以检验网络服务是否达到了预期的水平，找出已经发生或潜在的瓶颈，报告网络性能的变化趋势，为网络管理决策提供依据。性能管理指标通常包括网络响应时间、吞吐量、费用和网络负载。

对于性能管理，通过使用网络性能监视器（硬件和软件），能够提供性能指示的直方图。利用这个信息，可以预测将来对硬件和软件的需求、潜在需要改善的区域，以及潜在的网络故障。

（4）记账管理。

记账管理主要是对用户使用网络资源的情况进行记录并核算费用。

在企业内部网中，内部用户使用网络资源并不需要缴费，记账功能可以用来记录用户使用网络的时间、统计网络的利用率与资源使用情况等。

通过记账管理，可以了解网络的真实用途，定义它的能力和制定策略，使网络更有效。

（5）安全管理。

安全管理是用来保护网络资源安全的，它能够利用各种层次的安全防卫机制，减少非法入侵事件的发生；能够快速检测未授权的资源使用情况，并查出侵入点，对非法活动进行审查与追踪；能够使网络管理人员恢复部分受损文件。

在安全管理中可以通过使用网络监视设备记录使用情况，报告越权或提供对高危险行为的警报。作为一名网络管理员，应该意识到潜在的危险，并用一些方法减少这些危险，避免造成不良后果。

5.1.3　网络管理协议

国际上的网络管理协议有很多，除专门的标准化组织制定的一些协议外，网络发展比较早的机构和厂家，如 IBM 公司、Internet 组织和 DEC 公司，也制定了一些应用在各自网络上的管理协议。其中，最著名和应用最广泛的是 Internet 组织的简单网络管理协议（SNMP）。

1．SNMP 的特点

SNMP 是一系列协议组和规范，提供了一种从各种网络设备中收集网络管理信息的方法。它的基本功能包括网络性能监测、网络差错的检测与分析、配置网络设备等。利用 SNMP，网络管理人员能够方便地管理网络的性能，发现并解决网络故障。

SNMP 是基于 TCP/IP 开发的，但它的性能监测和控制活动是独立于 TCP/IP 的，而且 SNMP 仅需要 TCP/IP 提供无连接的数据报传输服务。所以，SNMP 很容易应用到其他网络中。

目前 SNMP 已成为网络管理领域中事实上的工业标准，并被广泛支持和应用，大多数网络管理系统和平台都是基于 SNMP 的。

2．SNMP 的基本组成

SNMP 采用管理者—代理的管理模型，代理响应 SNMP 服务器的请求，收集服务器、网卡、集线器、交换机、路由器等被管理对象的各种数据，并将这些数据传输到 SNMP 服务器的 MIB 数据库中。SNMP 的管理模型包括三个基本组成部分：管理代理、管理进程和管理信息库。

（1）管理代理（Agent）。

管理代理是一种软件，在被管理的网络设备中运行，负责执行管理进程的管理操作。管理代理直接操作本地管理信息库，如果管理进程需要，它可以根据要求改变本地管理信息库中的数据或提取数据并传回管理进程。

（2）管理进程（Manager）。

管理进程是一个或一组软件程序，一般运行在网络管理站（网络管理中心）的主机上，可以在 SNMP 的支持下命令管理代理执行各种管理操作。网络管理人员通过管理进程来管理整个网络，管理进程可以完成各种网络性能管理操作，并对网络中的被管理对象进行实时监控。

（3）管理信息库（MIB）。

管理信息库是一个概念上的数据库，由各被管理对象组成，用来存放被管理对象的各种相关信息。每个管理代理仅管理 MIB 中的本地被管理对象，所有的被管理对象共同组成整个网络的管理信息库。

5.1.4 网络故障排除基础

随着网络规模的日益增大，网络应用越来越复杂，网络中的故障种类繁多且难以排查。掌握常见的网络故障排除手段和方法，是对网络维护人员的基本要求。

1．网络故障的分类

根据网络故障对网络应用的影响程度，可将网络故障分为连通性故障和性能故障两大类。连通性故障是指网络中断，业务无法进行，是最严重的网络故障。性能故障是指网络的性能下降，传输速率变慢，业务受到一定程度的影响，但并未中断。

不同的网络故障类型具有不同的故障原因。

（1）连通性故障。

连通性故障的表现形式主要有以下三种。

① 硬件、介质、电源故障：硬件故障是引起连通性故障的最常见原因。网络中的网络设备是由主机设备、板卡、电源等硬件组成的，并由电缆等介质连接起来。如果设备遭到撞击、安装板卡时有静电、电缆使用错误，都可能引起硬件损坏，从而导致网络无法连通。另外，人为的电源中断，如交换机的电源线连接松脱，也是引起硬件连通性故障的常见原因。

② 配置错误：设备的正常运行离不开软件的正确配置。如果软件配置错误，则很可能导致网络连通性故障。目前网络协议种类众多且配置复杂，如果某个协议的某一个参数没有正确配置，就有可能导致网络连通性故障。

③ 设备兼容性问题：计算机网络的构建需要许多网络设备，如终端计算机、路由器、交换机，同时网络也很可能是由多个厂商的网络设备组成的，这时网络设备的互操作性显得十分必要。如果网络设备不能很好地兼容，设备间的协议报文交互有问题，那么也会导致网络连通性故障。

（2）性能故障。

也许网络连通性没有问题，但有可能某一天网络维护人员突然发现，网络访问速度慢了，或者某些业务的流量阻塞，而其他业务流量正常，这时可能意味着网络出现了性能故障。一般来说，网络性能故障的主要原因如下。

① 网络拥塞：如果网络中某个节点的性能出现问题，就会导致网络拥塞。这时需要查找网络的瓶颈节点，并进行优化，解决问题。

② 到目的地不是最佳路由：如果在网络中使用了某种路由协议，但在部署协议时并没有仔细规划，就可能导致数据经次优路线到达目的网络。

③ 供电不足：确保网络设备电源达到规定的电压水平，否则会出现设备处理性能问题，从而影响整个网络。

④ 网络环路：在交换网络中如果有物理环路存在，则可能引发广播风暴，降低网络性能。距离矢量路由协议也可能产生路由环路。因此在交换网络中，一定要避免产生环路，而在网络中应用路由协议时，也要选择没有路由环路的协议或采取措施来避免出现路由环路。

在发生网络故障时，网络维护人员首先要判断是连通性故障还是性能故障，然后根据故障类型进行相应的检查。

2．网络故障的解决步骤

前面介绍了计算机网络故障的大致种类，那么如何排除网络故障呢？建议采用系统化的故障排除方法。故障排除系统化是合理地、一步一步找出故障原因，并解决故障的总体原则。它的基本方法是将可能的故障原因所构成的一个大集合缩减（或隔离）成几个小的子集，从而使问题的复杂度降低。

在排除故障时，有序的方法有助于解决所遇到的任何困难。如图 5-1 所示是一般网络故障排除流程。

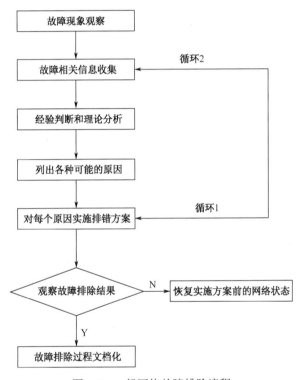

图 5-1　一般网络故障排除流程

（1）故障现象观察。要想对网络故障做出准确的分析，首先应该完整、清晰地描述网络故障现象，标示故障发生的时间和地点，判断故障所导致的后果，然后才能确定可能产生这些现象的故障根源或症结。因此，准确观察故障现象，对网络故障做出完整、清晰的描述是重要的一步。

（2）故障相关信息收集。本步骤是收集有助于查找故障原因的更详细的信息，主要有以下三种途径。

①　向受影响的用户、网络人员或其他关键人员提出问题。

②　根据故障描述性质，使用各种工具收集情况，如网络管理系统、协议分析仪、相关 display 和 debugging 命令等。

③ 测试网络性能，将测试结果与网络基线进行比较。

（3）经验判断和理论分析。利用前两个步骤收集的数据，并根据自己以往的故障排除经验和所掌握的网络设备与协议的知识，确定一个排错范围。范围划分后，只需注意某个故障或与故障情况相关的那一部分产品、介质和主机。

（4）列出各种可能的原因。根据潜在症结制订故障的排除计划，依据故障可能性高低的顺序，列出每一种认为可能的故障原因。从最有可能的症结入手，每次只做一次改动，然后观察改动的效果。每次只做一次改动，是因为这样做有助于确定针对特定故障的解决方法。如果同时做了两处或更多处改动，也许能够解决故障，但是难以确定最终是哪些改动消除了故障的症状，并且对日后解决同样的故障问题也没有太大的帮助。

（5）对每个原因实施排错方案。根据制订的故障排除计划，对每个可能的故障原因逐步实施排除方案。在故障排除过程中，如果某个可能原因经验证无效，则务必恢复到故障排除前的状态，之后验证下一个可能的原因。如果列出的所有可能的原因都被验证无效，就说明没有收集到足够的故障信息，没有找到故障发生点，要返回到第（2）步，继续收集故障相关信息，分析故障原因，再重复此流程，直到找出故障原因并排除故障。

（6）观察故障排除结果。当对某个故障原因实施了排错方案后，需要对结果进行分析，判断问题是否被解决，是否引入了新的问题。如果问题被解决，就可以直接进入文档化过程；如果问题没有解决，就循环故障排除流程。

当一个方案的实施没有达到预期的排错目的时，循环执行以上流程，这是一个努力缩小可能原因的故障排除过程。

在进入下一个循环之前，必须将网络恢复到实施方案前的状态。如果保留上一个方案对网络的改动，就很可能出现新的问题。例如，假设修改了访问列表但没有得到预期的结果，此时如果不将访问列表恢复到原始状态，就会出现不可预期的结果。

循环排错有以下两个切入点。

① 当针对某个可能原因的排错方案没有达到预期目的时，循环进入下一个为可能原因制定的排错方案并实施。

② 当列出所有可能原因的排错方案均没有达到排错目的时，重新进行故障相关信息的收集以分析新的可能故障原因。

排除网络故障后，网络故障排除流程的最后一步就是对所做的工作进行文字记录。文档化过程绝不是一个可有可无的工作，原因如下。

① 文档记录是排错宝贵经验的总结，是"经验判断和理论分析"这个过程中最重要的参考资料。

② 文档记录了这次排错中对网络参数所做的修改，这也是下一次网络故障应收集的相关信息。

文档记录主要包括以下几个方面。

① 故障现象描述及收集的相关信息。

② 网络拓扑图绘制。

③ 网络中使用的设备清单和介质清单。

④ 网络中使用的协议清单和应用清单。

⑤ 故障发生的可能原因。

⑥ 对每个可能原因制订的方案和实施结果。

⑦ 本次排错的心得体会。

⑧ 其他，如排错中使用的参考资料列表等。

3. 故障排除常用方法

网络故障的现象有很多，即使同一个故障，其表面现象也可能不一样。所以，在解决问题时，要善于抓住问题的本质，用最快的速度排除故障。下面介绍两种常用的故障排除方法。

（1）分段故障排除法。

分段就是将数据包经过的路径分成若干个段，缩小网络故障涉及的设备和线路，再逐一排除，能够更快地判定故障点。例如，局域网中计算机无法和互联网正常通信，可以按照图 5-2 所示进行分段，依次进行故障排除。

图 5-2　分段故障排除法示例

需要关注各分段的设备是否正常供电，设备或线路是否损坏、插头松动，线路是否受到严重电磁干扰等；确认数据帧在网络环境中是如何被交换机转发的，网络中是否存在环路而引起广播风暴。

最常见的故障就是配置错误，即网络设备的配置原因导致的网络异常或故障。例如，主机配置的 IP 地址与其他主机冲突，或者 IP 地址根本就不在子网范围内，由此导致主机无法连通；路由器端口参数设定有误，或者路由器的路由配置错误导致路由循环或找不到远端地址等。在网络故障排查时，很容易忽略 DNS，DNS 服务器设置是否正确，关系到能否正常解析域名，对网络连通性有很大的影响。

（2）替换法。

替换法是检查硬件是否有问题最常用的方法。例如，当怀疑网线有问题时，更换一根好的网线试一试；当怀疑接口模块有问题时，更换一个其他接口模块试一试。

总之，网络故障千差万别，排除故障的前提是对网络的结构有很好的认识。所以，网络管理人员需要及时掌握所管理的网络的任何拓扑改变和设置变动，才能在故障发生时最迅速地解决。

5.2　网络安全

计算机网络的建立有效地实现了资源共享，但是资源共享和资源安全是相互矛盾的。随着资源共享的进一步加强，随之而来的网络安全和信息安全问题也日益突出。因此，计算机网络的管理和维护，首先是网络安全的管理和维护，这也是网络管理人员的首要职责。

5.2.1 网络安全概述

计算机网络的广泛应用已经对经济、文化、教育与科学的发展产生了重要的影响，同时也不可避免地带来了一些新的社会、道德、政治与法律问题。

从本质上讲，网络安全就是网络上的信息安全，是指网络系统的硬件、软件及其系统中的数据受到保护，不因偶然的或恶意的原因而遭到破坏、更改、泄露，系统连续、可靠、正常地运行，网络服务不中断。从广义上说，凡是涉及网络上信息的保密性、完整性、可用性、真实性和可控性的相关技术和理论都是网络安全的研究领域。网络安全是一门涉及计算机科学、网络技术、通信技术、密码技术、信息安全技术、应用数学、数论、信息论等多种学科的综合性学科。

ISO 74982 文献中对网络安全的定义："安全就是最大限度地减少数据和资源被攻击的可能性。"Internet 的最大特点就是开放性，对于安全来说，这是它致命的弱点。正如一句话所说：Internet 的美妙之处在于你和每个人都能互相连接，Internet 的可怕之处在于每个人都能和你互相连接。

网络安全涉及的内容既有技术方面的问题，也有管理方面的问题，两方面相互补充，缺一不可。技术方面主要侧重于如何防范外部非法攻击，管理方面则侧重于内部人为因素的管理。如何更有效地保护重要的信息数据，提高计算机网络系统的安全性，已经成为所有计算机网络应用必须考虑和解决的一个重要问题。

5.2.2 网络安全关注的范围

网络安全是网络必须面对的一个实际问题，同时网络安全又是一个综合性的技术。网络安全关注的范围如下。

（1）保护网络物理线路不会轻易遭受攻击。物理安全策略的目的是保护计算机系统、网络服务器、打印机等硬件实体和链路免受自然灾害、人为破坏和搭线攻击，确保计算机系统有一个良好的电磁兼容工作环境；建立完备的安全管理制度，防止非法进入计算机控制室和各种偷窥、破坏活动的发生。

（2）有效识别合法的和非法的用户。验证用户的身份和使用权限，防止用户越权操作。

（3）实现有效的访问控制。访问控制策略是网络安全防范和保护的主要策略，其目的是保证网络资源不被非法使用和非法访问。访问控制策略包括入网访问控制策略、操作权限控制策略和防火墙控制策略等方面的内容。

（4）保证内部的隐蔽性。通过 NAT 或 ASPF 技术保护网络的隐蔽性。

（5）有效的防伪手段，重要的数据重点保护。采用 IPSec 技术对传输数据加密。

（6）对网络设备、网络拓扑的安全管理。部署网管软件对全网设备进行监控。

（7）病毒防范。加强对网络中病毒的实时防御。

（8）提高安全防范意识。制定信息安全管理制度，赏罚分明，提高全员安全防范意识。

5.2.3　网络安全的目标

网络安全到底要保护什么？唯一的答案：用户业务的安全。离开用户的业务谈安全是没有意义的。

网络安全的目标应当满足以下几点。

（1）身份真实性：能对通信实体身份的真实性进行鉴别。

（2）信息机密性：保证机密信息不会泄露给非授权的人或实体。

（3）信息完整性：保证数据的一致性，能够防止数据被非授权的人或实体建立、修改和破坏。

（4）服务可用性：保证合法用户对信息和资源的使用不会被不正当地拒绝。

（5）不可否认性：建立有效的责任机制，防止实体否认其行为。

（6）系统可控性：能够控制使用资源的人或实体的使用方式。

（7）系统易用性：在满足安全要求的条件下，系统应当操作简单，维护方便。

（8）可审查性：对出现的网络安全问题提供调查的依据和手段。

网络安全的目标是通过技术手段保证信息的安全。

5.2.4　网络中存在的威胁

1．黑客攻击

谈到网络安全，很容易联想到网络中的黑客。黑客一词来自英文 Hacker 的发音，也被翻译为"骇客"。现在对"黑客"这个名词的普遍解释是，具有一定计算机软件和硬件方面的知识，通过各种技术手段，对计算机和网络系统的安全构成威胁的人或组织。

早期的黑客行为是电话入侵技术，在电话普及初期，昂贵的电话费用不是一般人能承受的，于是对电话技术了解颇多的人发明了一些电子装置，得以免费打电话。

随着计算机系统的出现和发展，一些专业技术人员开始深入探索系统上存在着的各种漏洞，尝试用自己的方式修补这些漏洞，并公开自己的发现。早期被称为黑客的人热衷于解决难题，钻研技术，并乐于同他人共享成功。他们寻找网络漏洞，入侵主机，纯粹是技术上的尝试，绝不会进行资料窃取和破坏。这些黑客主要为了追求自己技术上的精进，对计算机全身心投入，为计算机技术的发展做出了很大的贡献，现在使用的很多软/硬件技术都是黑客发明的。

但是，随着网络的普及，黑客技术不断发展，队伍不断壮大，黑客的组成和社会内涵发生了巨大的变化，有些黑客开始尝试用自己的技术获取限制访问的信息，更有甚者怀着私利闯入远程主机，篡改和破坏重要数据。从此，黑客渐渐成为入侵者、破坏者的代名词。

很多人认为，黑客是技术高超的神秘人物，离自己很遥远，自己或公司的网络系统中没有什么值得获取或破坏的信息，不必担心他们的攻击，这种想法在多年以前可能没错，但是随着网络上黑客技术文档和黑客工具的泛滥，只要愿意，没有计算机网络基础的外行也能很熟练地运用这些工具，成为一个可怕的入侵者。还有一些黑客怀着不良目的，借此获利，他们疯狂地入侵任何可能入侵的系统，寻找可能获得的任何利益，他们窃取有价值的资料来对资料的主人进行敲诈、窃取各种有价值的网络账号、意图获取信用卡账号和口令，这些人对我们的威胁极大。2018 年年初，黑客攻击了多个国家的计算机网络，此次大规模袭击影响了全球约 20 万台路由器，攻击也影响了互联网服务供应商，导致众多用户无法上网。2021 年度全球公开披露的数据泄露事件有 4145 起，共导致 227.7 亿条数据泄露，庞大的数字触目惊心，从 RBS 报告披露的情况来看，大部分事件与黑客攻击和邮件泄露等原因有关。

网络攻击可以分为被动攻击和主动攻击两类。在被动攻击中，攻击者简单地监听所有信息流以获得某些秘密，攻击者的目的只是获取信息，这就意味着攻击者不会篡改信息或危害系统，系统可以不中断其正常运行。被动攻击是最难被检测到的，通常被动攻击可以通过对信息进行加密而避免。主动攻击是攻击者试图突破用户的安全防线，可能改变信息或危害系统。主动攻击通常易于监测但难以防范，因为攻击者可以通过多种方法发起攻击。

（1）黑客网络攻击主要分为 3 个阶段。

① 准备阶段。

在准备阶段，先确定攻击的目标，然后收集攻击目标的信息，如目标使用的操作系统、协议、端口及服务程序等，可采用网络监听和端口扫描等方式获取信息。

② 入侵阶段。

先利用获取的信息，通过系统的远程漏洞发起攻击，并获得初始的权限，然后通过本地漏洞把权限扩大到系统管理员级。

③ 隐身阶段。

攻击完成以后，为防止网络管理员发现入侵行为，需要隐藏自身的入侵痕迹。攻击者在获得管理员权限以后，通过修改相关日志文件隐藏自己的踪迹，为了实现对目标的长期控制，需要在系统中安装"后门"，注入相应的黑客程序以备下次入侵系统。

（2）黑客网络攻击采取的主要方式如下。

① 窃听。

窃听程序不会直接危害网络目标，通过路由跟踪、端口扫描、抓包程序等方式收集攻击者需要的信息。由于大多数网络通信都以不安全的"明文"形式进行，这就使得攻击者很容易窃听目标的相关信息。这类攻击常被用来为进一步入侵做准备。

② IP 地址欺骗。

在网络中一般都用 IP 地址来标识主机。攻击者在攻击时，可以通过攻击者的访问 IP 来抓获攻击者。因此，攻击者会将 IP 地址伪装成合法地址，以达到身份欺骗的目的。

③ 篡改数据。

攻击者利用窃听或其他途径来获取用户的登录账号及密码，在获得相关权限后可以访问并盗取信息，以及对信息进行篡改。信息的发送端和接收端对于这些篡改数据的行为是完全不知情的。

④ 拒绝服务攻击。

拒绝服务攻击的目的是通过向目标网络发送大量数据报文，导致目标网络瘫痪，进而拦截数据流，使得目标网络无法提供网络服务和获取网络资源。

⑤ 漏洞攻击。

攻击者通过操作系统漏洞、协议漏洞等攻击目标网络，取得目标网络用户账号、密码，进而获得目标网络操作权限。比如，堆栈溢出攻击就是最常用的黑客攻击技术，这种攻击是利用操作系统漏洞来进行的。在操作系统中，如果用户输入的数据长度超过应用程序给定的缓冲区，就会覆盖其他数据区，叫作"缓冲区溢出"。如果攻击者重新定义数据读取地址，就可以运行注入的黑客程序（如病毒、木马等）达到入侵的目的。另外，还有 Web 漏洞攻击，通过 Web 服务器的漏洞或网页本身的安全漏洞进行攻击，如目录遍历漏洞、SQL 注入、CC 攻击等。

2. 病毒

计算机病毒是指那些具有自我复制能力的特殊计算机程序，它能影响计算机软件和硬件的正常运行，破坏数据的正确与完整，影响网络的正常运行。病毒常常是附着于正常程序或文件中的一小段代码，随着宿主程序在计算机之间的不断复制，在传播途中感染计算机上所有符合条件的文件。

通过对计算机病毒的研究，可以总结出它的基本特征，具体如下。

（1）破坏性。

任何病毒只要入侵系统，就会对系统及应用程序产生不同程度的影响，凡是软件手段能触及计算机资源的地方，均有可能受到计算机病毒的破坏。轻者会降低计算机工作效率，占用系统资源，重者可导致系统崩溃。

根据病毒对计算机系统造成破坏的程度，可以把病毒分为良性病毒与恶性病毒。良性病毒可能只是干扰屏幕，显示一些乱码或无聊的语句，或者根本没有任何破坏动作，只是占用系统资源，这类病毒较多，如 GENP、小球、W-BOOT 等。恶性病毒有明确的目的，它们破坏数据、删除文件、加密磁盘，甚至格式化磁盘，有的恶性病毒会对数据造成不可挽回的损失，这类病毒有 CIH、红色代码等。

（2）隐蔽性。

大部分病毒具有很高的程序设计技巧，代码短小精悍，通常附着在正常程序中，这样做的目的是不让用户发现它的存在。如果不经过代码分析，人们就很难区别病毒程序与正常程序。一般在没有防护措施的情况下，计算机病毒程序取得系统控制权后，可以在很短的时间内传染大量程序，而且传染后计算机系统通常还能正常运行，用户不会感觉到任何异常。

（3）潜伏性。

大部分计算机病毒传染系统之后不会马上发作，可长期隐藏在系统中，只有在满足特定条件时才启动其破坏模块。例如，PETER-2 病毒在每年的 2 月 27 日会提三个问题，答错后会将硬盘加密；著名的"黑色星期五"病毒在逢 13 号的星期五发作；当然，最令人难忘的是每年 4 月 26 日发作的 CIH 病毒。这些病毒在平时会隐藏得很好，只有在发作日才会显露出其破坏的本性。

（4）传染性。

病毒由一个载体传播到另一个载体、由一个系统进入另一个系统的过程称为传染。计算机病毒的传染性是指病毒具有把自身复制到其他程序中的特性。计算机病毒是一段人为编制的计算机程序代码，这段程序代码一旦进入计算机并得以执行，便会搜寻其他符合传染条件的程序或存储介质，确定目标后再将自身代码插入其中，达到自我繁殖的目的。一台计算机感染病毒后，如不及时处理，病毒就会在这台计算机上迅速扩散，其中的大量文件（一般是可执行文件）会被感染。被感染的文件又成为新的传染源，传染源再与其他计算机进行数据交换或与网络接触，病毒便会在整个网络中传染。

正常的计算机程序一般是不会将自身的代码强行链接到其他程序上的，而病毒却能将自身的代码强行传染到一切符合其传染条件的程序上。是否具有传染性是判别计算机病毒的最重要条件。

3. 蠕虫

蠕虫（Worm）可以说是一类特殊的病毒。蠕虫通过分布式网络进行扩散，与病毒类似，蠕虫也在计算机之间自我复制，但蠕虫可自动完成复制过程，不需要通过文件作为载体复制，因为蠕虫能够接管计算机系统中传输文件或信息的功能。一旦计算机感染蠕虫，蠕虫即可独自传播。而最危险的是，蠕虫可大范围复制。例如，蠕虫可向电子邮件地址簿中的所有联系人发送自己的副本，联系人的计算机也将执行同样的操作，结果造成"多米诺效应"（网络通信负担沉重），业务网络和整个Internet的速度都将受到影响。一旦新的蠕虫被释放，传播速度将非常迅速，在极短的时间内就能造成网络堵塞。

蠕虫是一种通过网络传播的恶性病毒，它具有病毒的一些共性，如传播性、隐蔽性、破坏性等，同时也具有自己的一些特征，如不利用文件寄生（有的只存在于内存中），以及与部分黑客技术相结合等。表5-1列出了蠕虫与普通病毒的主要区别。

表5-1　蠕虫与普通病毒的主要区别

病 毒 类 型	存 在 形 式	传 染 机 制	传 染 目 标
普通病毒	寄存文件	宿主程序运行	本地文件
蠕虫	独立程序	主动攻击	网络计算机

蠕虫可以通过已知的操作系统"后门"主动攻击一台主机，设法传染这台主机并使其成为一个新的攻击源去攻击其他主机。通过这种模式，网络上所有未设防的主机都将感染蠕虫，要想清除它们却很麻烦，只要网络中有一台主机被传染，病毒就很可能卷土重来。

蠕虫的破坏能力远大于普通病毒的破坏能力。例如，2021年，"360安全大脑"检测到蠕虫病毒Incaseformat大范围爆发，许多用户中招，计算机感染该病毒后，会将自身复制到C:\WINDOWS\tsay.exe，并创建启动项退出，待用户重启计算机，病毒会在启动20秒后开始删除用户文件。

蠕虫已经成为网络中最大的威胁之一，是网络安全防护工作的重点。

4．木马

木马（Trojan）是一种在远程计算机之间建立连接，使远程计算机能够通过网络控制本地计算机的程序，它的运行遵照 TCP/IP，像间谍一样潜入用户的计算机，为其他人的攻击打开"后门"。

早期的木马程序由黑客特意编写后放置在其制作的工具软件中，用来随时获知这些工具的使用情况。现在很多人将自己编写的木马程序放置在其他应用程序中，使下载并使用这些程序的主机在不知不觉中感染木马程序。

木马程序一般由两部分组成，分别是服务器端程序和客户机端程序。其中，服务器端程序安装在被控制的计算机上，客户机端程序安装在控制计算机上，服务器端程序和客户机端程序建立连接就可以实现对远程计算机的控制。

服务器端程序先获得本地计算机的最高操作权限，当本地计算机接入网络后，客户机端程序便可以与服务器端程序直接建立连接，可以向服务器端程序发送各种基本的操作请求，并由服务器端程序完成这些请求，也就实现了对本地计算机的控制。

木马程序发挥作用要求服务器端程序和客户机端程序必须同时存在，本地计算机感染的服务器端程序是可执行程序，可以直接传播，也可以隐藏在其他的可执行程序中进行传播，但木马程序本身不具备繁殖性和自动传染的功能。

目前木马程序在数量和种类上还在不断地增加，虽然这些程序使用不同的程序设计语言进行编制，在不同的环境下运行，发挥着不同的作用，但它们有着许多共同的特征。

（1）隐蔽性。

隐蔽性是木马程序的首要特征。木马类软件的服务器端程序在运行时会使用各种手段隐藏自己。例如，人们所熟悉的修改注册表和 ini 文件，计算机在下一次启动后仍能载入木马程序。通常情况下，简单地采用按【Ctrl+Alt+Delete】组合键的方法是不能看见木马进程的。还有一些木马程序可以自定义通信端口，这样就可以使木马程序更加隐蔽。

（2）功能特殊性。

通常，木马的功能都是十分特殊的，除普通的文件操作外，还有一些木马程序可以对目标计算机进行搜索口令、设置口令、记录用户事件、远程注册表的操作，以及颠倒屏幕、锁定鼠标等操作。

（3）自动运行性。

木马程序通过修改系统配置文件或注册表的方式，在目标计算机系统启动时自动运行或加载。

（4）欺骗性。

木马程序要达到其长期隐蔽的目的，就必须借助系统中已有的文件，以防被用户发现。木马程序经常使用常见的文件名或扩展名，如"dll\win\sys\explorer"等，或者仿制一些不易被用户区别的文件名，如字母"I"与数字"1"、字母"o"与数字"0"。还有的木马程序为了隐藏自己，把自己设置成一个 ZIP 文件式图标，当用户一不小心打开它时，它就马上运行。木马编制者还在不断地研究、发掘新的欺骗手段，花样层出不穷，让人防不胜防。

（5）自动恢复性。

现在很多木马程序中的功能模块已不再由单一的文件组成，而是有多重备份，可以相互恢复。计算机一旦感染木马程序，想单独靠删除某个文件来清除不太可能。

木马程序一般的目的是窃取信息（如网络账号、信用卡密码、重要文档等）、监视和控制被感染主机。感染木马程序的计算机会偷偷地通过网络向指定主机发送本机机密数据，或者莫名其妙地自动重启、自动关机，甚至出现主机被远程控制的情况。例如，最早出现在2007年的宙斯木马程序，能够窃取包括账号、密码及用户在网上输入的其他各种信息，并将窃取到的信息发送到"僵尸网络"控制中心。它使用简单，易于盗取在线数据，因此成为很多网络犯罪分子进行网络犯罪的首选恶意软件。木马程序还常常同黑客技术相结合，如有些木马程序能够操纵被感染主机进行ARP欺骗与网络窃听（Sniffer），一台主机被感染，整个网络安全性都将遭受威胁。木马程序比病毒更隐蔽，更难以排查和清除，如不加以重视，会给企业和个人造成不可估量的损失。

5．恶意软件

恶意软件是指在未明确提示用户或未经用户许可的情况下，在用户计算机或其他终端上安装运行，侵害用户合法权益的软件。

恶意软件一般由正规企业或组织制作，具备部分病毒和黑客特征，但同病毒、木马不同，不会进行主动破坏和信息窃取，处于正规软件和病毒之间，因此大部分病毒和木马查杀程序不会检测和清除恶意软件。

恶意软件一般以牟利为目的，强行更改用户计算机软件设置，如浏览器选项、软件自动启动选项、安全选项等。恶意软件常常在用户浏览网页过程中不断弹出广告页面，影响用户正常上网。恶意软件常常未经用户许可，秘密收集用户个人信息和隐私，有侵害用户信息和财产安全的潜在因素或隐患。

恶意软件常抵制卸载，即使当时卸载成功，过一段时间系统中残留的程序又会偷偷地自动安装，让用户不胜其烦。

根据不同的特征和危害，困扰广大计算机用户的恶意软件主要有以下几类。

（1）广告软件：指未经用户允许，下载并安装在用户计算机上或与其他软件捆绑，通过弹出式广告等形式牟取商业利益的程序。

危害：此类软件往往会强制安装并无法卸载；在后台收集用户信息牟利，危及用户隐私；频繁弹出广告，消耗系统资源，使其运行变慢等。

例如，用户安装了某下载软件后，会一直弹出带有广告内容的窗口，干扰正常使用。还有一些软件被安装后，会在IE浏览器的工具栏位置添加与其功能不相干的广告图标，普通用户很难将其清除。

（2）间谍软件：指一种能够在用户不知情的情况下，在其计算机上安装"后门"程序，用于收集用户信息的软件。

危害：用户的隐私数据和重要信息会被"后门"程序捕获，并被发送给黑客、商业公司等。这些"后门"程序甚至能使用户的计算机被远程操控，组成庞大的"僵尸网络"，这是目前网络安全的重要隐患之一。

例如，某些软件会获取用户的软、硬件配置，并发送出去，用于达到商业目的。

（3）浏览器劫持程序：指一种恶意程序，通过浏览器插件、BHO（浏览器辅助对象）、Winsock LSP 等形式对用户的浏览器进行篡改，使用户的浏览器配置不正常，被强行引导到商业网站。

危害：用户在浏览网站时会被强行引导到其指定的网站，严重影响正常上网。

例如，一些不良站点会频繁弹出安装窗口，迫使用户安装某浏览器插件，甚至根本不征求用户意见，利用系统漏洞在后台强制安装到用户计算机中。这种插件还采用了不规范的软件编写技术（此技术通常被病毒使用）来逃避用户卸载，往往造成浏览器错误、系统异常重启等。

（4）行为记录软件：指未经用户许可，窃取并分析隐私数据，记录用户计算机使用习惯、网络浏览习惯等个人行为的软件。

危害：危及用户隐私，可能被黑客利用来进行网络诈骗。

例如，一些软件会在后台记录用户访问过的网站并加以分析，有的甚至会发送给专门的商业公司或机构，此类机构会据此窥测用户的爱好，并进行相应的广告推广或商业活动。

（5）恶意共享软件（Malicious Shareware）：指某些共享软件为了获取利益，采用诱骗、试用陷阱等方式强迫用户注册，或者在软件体内捆绑各类恶意插件，未经允许即将其安装到用户计算机中。

危害：采用"试用陷阱"强迫用户进行注册，可能导致用户泄露个人资料等数据。软件集成的插件可能造成用户浏览器被劫持、隐私被窃取等。

例如，用户安装某款媒体播放软件后，被强迫安装与播放功能毫不相干的软件（搜索插件、下载软件）而不给出明确提示；用户在卸载播放器软件时，系统不会自动卸载这些附加安装的软件。

又如，某加密软件试用期过后所有被加密的资料都会丢失，只有缴费购买该软件才能找回丢失的数据。

5.2.5 网络安全防范技术

网络安全问题在一定程度上是由网络内部原因导致的。在开放的网络环境中，大量数据在网络中传输，而网络安全机制及安全工具本身存在着局限性，这就为不法分子提供了攻击目标和"便利"的突破口。不法分子利用各种手段攻击，不受时间、地点、条件限制地截获、修改在网络中传输的数据，闯入用户、部门或组织的计算机系统中监视、窃取和篡改数据。网络攻击的低成本和高收益在很大程度上刺激了网络攻击行为的增长，使得针对网络系统的犯罪活动日益增多。因此，人为因素才是网络安全问题的主因。

对于网络管理员来说，为了确保网络运行的安全和可靠，必须不断增强系统的安全防御能力，充分理解系统内核及网络协议的实现，对网络系统的"细枝末节"了如指掌，同时还应该熟知针对各种攻击手段的预防措施，只有这样才能防御任何黑客的恶意攻击。

网络安全防范主要表现在以下两个方面。

（1）提高用户的网络安全意识，制定网络安全使用规范。这样可以防止内部合法用户有意或无意地危害网络安全。

① 网络管理员对账户要进行严格的管理：一个人对应一个账户；严格限定账户权限；

不允许互借账户；用户离开及时退出账户；定时审核账户，及时清理可疑账户；不允许有意或无意泄露用户账户名和密码。

② 网络管理员要经常检查硬件设备，当硬件出现故障时，应及时修复和更换。

③ 用户不要随意打开来历不明的链接和邮件，不要登录不安全的网站。

④ 用户要及时进行数据备份，以便在遭到攻击后能进行数据恢复，减少损失。

⑤ 用户要及时安装系统补丁，进行必要的安全设置。

⑥ 不允许用户绕过防火墙私自连接外网，如通过调制解调器连接到互联网。

⑦ 不允许用户私自越权查看、修改与删除系统文件、应用程序与数据。

⑧ 不允许用户私自越权修改网络配置，造成网络工作不正常。

（2）网络防御技术。

① 操作系统安全配置技术。选择合适的安全操作系统是网络安全的重要组成部分，同时要及时查找本机漏洞并升级补丁，关闭无用的服务和端口，如果有条件，可隐藏 IP 地址。

② 防火墙技术。利用防火墙技术，在被保护网络和外部网络之间建立一道屏障，可对传输的数据进行限制，从而防止被入侵。

③ 入侵检测技术。如果网络被入侵，入侵检测系统可及时发出报警信息。网络管理员可根据报警信息采用合适的方式进行系统安全处理。

④ 加密技术。为了防止信息被监听和盗取，使用数据加密技术，提高系统与数据的安全性和保密性，防止机密数据被窃取和破坏。

⑤ 及时进行数据备份。数据备份是针对系统及网络数据被破坏的有效处理方法，当数据被篡改或被破坏时，可通过数据备份及时恢复。

⑥ 日志与审计。通过定期分析系统及网络相关日志，了解系统和网络使用情况，发现安全问题及时处理。

下面具体介绍系统工具的使用方法和病毒、木马与恶意软件的防御措施，了解基本的安全防范技术的应用，对解决网络安全问题有一定的帮助。

1．系统工具

目前网络操作系统都提供了大量网络管理工具（命令），如命令 ping、tracert 等。利用这些工具可以方便、快捷地了解系统与网络的工作状态，甚至能解决一些网络攻击所造成的影响。

下面介绍如何利用 Windows 系统中自带的工具来诊断和解决常见的网络安全问题。

（1）显示 TCP/IP 配置命令 ipconfig。

ipconfig 命令用于显示系统 TCP/IP 的配置值，可以检验当前的 TCP/IP 设置是否正确。在 Windows 系统下单击"开始"→"运行"命令，在打开的"运行"对话框中输入"cmd.exe"并按【Enter】键，打开"命令提示符"窗口，输入"ipconfig"命令，按【Enter】键。ipconfig 命令格式如下：

ipconfig [/? | /all]

参数解释如下：

① 不带参数的 ipconfig 只显示最基本的信息：IP 地址、子网掩码和默认网关地址，如图 5-3 所示。

```
C:\Windows\system32\cmd.exe
Microsoft Windows [版本 10.0.17134.1]
(c) 2018 Microsoft Corporation。保留所有权利。

C:\Users\user>ipconfig

Windows IP 配置


以太网适配器 Ethernet0:

   连接特定的 DNS 后缀 . . . . . . . : localdomain
   本地链接 IPv6 地址. . . . . . . . : fe80::44b:fc00:65d4:679d%2
   IPv4 地址 . . . . . . . . . . . . : 192.168.239.128
   子网掩码 . . . . . . . . . . . . : 255.255.255.0
   默认网关. . . . . . . . . . . . . : 192.168.239.2
```

图 5-3　不带参数的 ipconfig 命令显示的基本信息

② “/?”用于显示 ipconfig 命令的格式和参数说明，如图 5-4 所示。

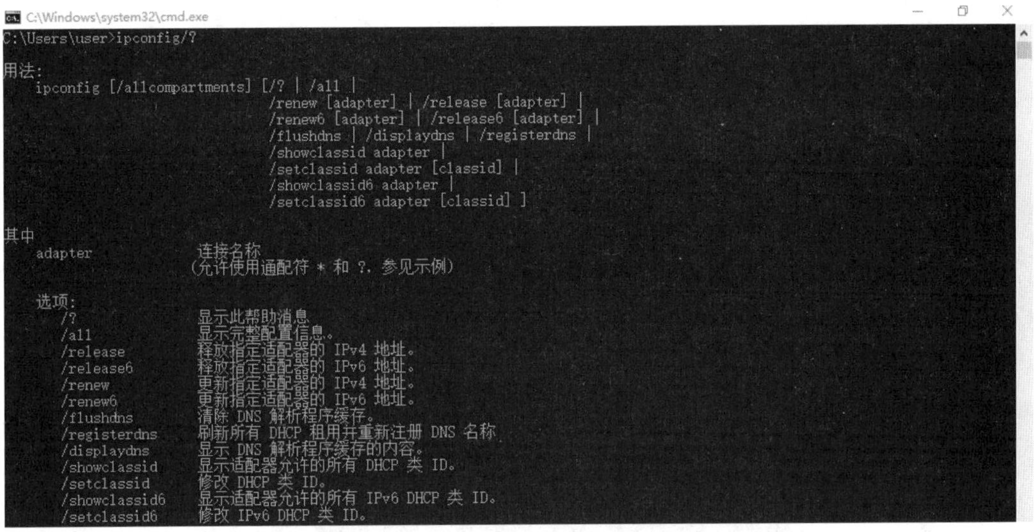

```
C:\Windows\system32\cmd.exe
C:\Users\user>ipconfig/?

用法:
    ipconfig [/allcompartments] [/? | /all |
                                 /renew [adapter] | /release [adapter] |
                                 /renew6 [adapter] | /release6 [adapter] |
                                 /flushdns | /displaydns | /registerdns |
                                 /showclassid adapter |
                                 /setclassid adapter [classid] |
                                 /showclassid6 adapter |
                                 /setclassid6 adapter [classid] ]

其中
    adapter             连接名称
                       (允许使用通配符 * 和 ?，参见示例)

    选项:
       /?               显示此帮助消息
       /all             显示完整配置信息。
       /release         释放指定适配器的 IPv4 地址。
       /release6        释放指定适配器的 IPv6 地址。
       /renew           更新指定适配器的 IPv4 地址。
       /renew6          更新指定适配器的 IPv6 地址。
       /flushdns        清除 DNS 解析程序缓存。
       /registerdns     刷新所有 DHCP 租用并重新注册 DNS 名称
       /displaydns      显示 DNS 解析程序缓存的内容。
       /showclassid     显示适配器允许的所有 DHCP 类 ID。
       /setclassid      修改 DHCP 类 ID。
       /showclassid6    显示适配器允许的所有 IPv6 DHCP 类 ID。
       /setclassid6     修改 IPv6 DHCP 类 ID。
```

图 5-4　ipconfig 命令的格式和参数说明

③ “/all”用于显示所有的配置信息，如图 5-5 所示。

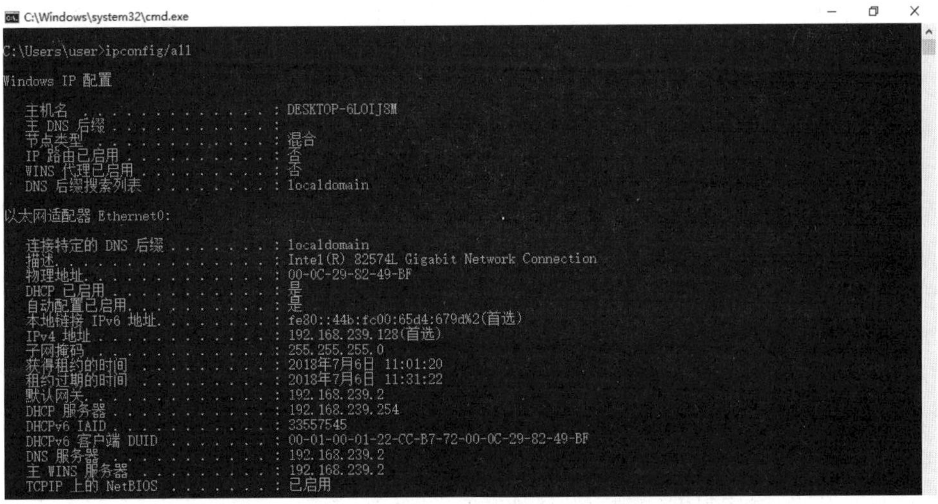

```
C:\Windows\system32\cmd.exe
C:\Users\user>ipconfig/all

Windows IP 配置

   主机名  . . . . . . . . . . . . . : DESKTOP-6LOIJSM
   主 DNS 后缀 . . . . . . . . . . . :
   节点类型  . . . . . . . . . . . . : 混合
   IP 路由已启用 . . . . . . . . . . : 否
   WINS 代理已启用 . . . . . . . . . : 否
   DNS 后缀搜索列表  . . . . . . . . : localdomain

以太网适配器 Ethernet0:

   连接特定的 DNS 后缀 . . . . . . . : localdomain
   描述. . . . . . . . . . . . . . . : Intel(R) 82574L Gigabit Network Connection
   物理地址. . . . . . . . . . . . . : 00-0C-29-82-49-BF
   DHCP 已启用 . . . . . . . . . . . : 是
   自动配置已启用. . . . . . . . . . : 是
   本地链接 IPv6 地址. . . . . . . . : fe80::44b:fc00:65d4:679d%2(首选)
   IPv4 地址 . . . . . . . . . . . . : 192.168.239.128(首选)
   子网掩码  . . . . . . . . . . . . : 255.255.255.0
   获得租约的时间  . . . . . . . . . : 2018年7月6日 11:01:20
   租约过期的时间  . . . . . . . . . : 2018年7月6日 11:31:22
   默认网关. . . . . . . . . . . . . : 192.168.239.2
   DHCP 服务器 . . . . . . . . . . . : 192.168.239.254
   DHCPv6 IAID . . . . . . . . . . . : 33557545
   DHCPv6 客户端 DUID  . . . . . . . : 00-01-00-01-22-CC-B7-72-00-0C-29-82-49-BF
   DNS 服务器  . . . . . . . . . . . : 192.168.239.2
   主 WINS 服务器  . . . . . . . . . : 192.168.239.2
   TCPIP 上的 NetBIOS  . . . . . . . : 已启用
```

图 5-5　使用 ipconfig /all 命令显示所有的配置信息

（2）网络连接故障诊断命令 ping。

使用 ping 命令可以测试计算机名和计算机的 IP 地址，验证与远程计算机的连接，通过将 ICMP 回显数据包发送到计算机并监听回显回复数据包来验证与一台或多台远程计算机的连接，该命令只有在安装了 TCP/IP 后才可以使用。ping 虽然是一个测试命令，但是由于它可以自定义所发送数据报的大小及无休止地高速发送，因此也可能被某些别有用心的人作为 DDoS（分布式拒绝服务）的工具。例如，Yahoo 网站就曾经被黑客利用向数百台计算机连续发送大量 ping 数据报而导致瘫痪。

在 Windows 系统下单击"开始"→"运行"命令，在打开的"运行"对话框中输入"cmd.exe"后按【Enter】键。ping 命令格式如下：

ping [-t][-a] [-n count] [-r count] [-f][-i ttl][-v tos][[-j computer-list]|[-k computer-list]][-w timeout]destination-list

参数解释如下：

① -t：ping 指定的计算机直到中断。

② -a：将地址解析为计算机 NetBIOS 名。

③ -n count：发送 count 指定的 echo 数据包数，默认值为 4。

④ -r count：在"记录路由"字段中记录传出和返回数据包的路由。通常情况下，发送的数据包是通过一系列路由才到达目标地址的，通过此参数可以设定探测经过路由的个数，限定能够跟踪 9 个路由，如图 5-6 所示。

图 5-6　使用 ping 命令查看数据包的路由

⑤ -i ttl：将"生存时间"字段设置为 ttl 指定的值。

⑥ -w timeout：指定超时间隔，单位为毫秒（ms）。

⑦ destination-list：指定要 ping 的远程计算机。

（3）网络状态查看命令 netstat。

netstat 命令是 Windows 操作系统提供的用于查看与 IP、TCP、UDP 和 ICMP 相关的统计数据的网络工具，能检验本机各端口的网络连接情况。一般通过 netstat 命令来检查各类协议统计数据及当前端口使用情况，这些情况对检查和处理计算机是否存在网络安全隐患有很大的帮助。

netstat 命令支持的参数很多，比较常用的有以下几个。

① "-s"参数用来显示 IP、TCP、UDP 和 ICMP 的协议统计数据，经常与"-p"命令组合来查看指定协议的统计数据，当发现浏览器打开页面速度很慢，甚至根本无法打开页面或电子邮件软件无法收发邮件时，很可能是 TCP 连接出了问题，通过命令"netstat -s -p tcp"可以查看 TCP 统计数据，判断问题所在，如图 5-7 所示。

图 5-7　使用 netstat -s -p tcp 命令查看 TCP 统计数据

命令显示结果中各项参数的说明如下：

- Active Opens：主动发起的 TCP 连接。
- Passive Opens：由对方发起的 TCP 连接。
- Failed Connection Attempts：失败的 TCP 尝试。
- Reset Connections：被复位的 TCP 连接。
- Current Connections：当前保持的 TCP 连接。
- Segments Received：接收到的数据段。
- Segments Sent：发送的数据段。
- Segments Retransmitted：重传处理的数据段。

通过这些信息能够方便地了解问题是否出在连接上。例如，当前保持的 TCP 连接数为 0，表示现在没有成功的 TCP 连接。如果重传处理的数据段数字非常大，则很可能是对端的网络连接通信质量有问题。

② "-e" 参数用来查看关于以太网的统计数据，如图 5-8 所示。它列出的项目包括传送的数据包的总字节数、错误数、数据报的数量和广播的数量。

图 5-8　使用 netstat -e 命令查看以太网统计数据

使用 netstat -e 命令，如果发现大量接收错误，则可能是网络整体拥塞、主机过载或本地物理连接故障；如果发现大量发送错误，则可能是本地网络拥塞或本地物理连接故障；如果发现广播数量过多，那么很可能网络正遭受广播风暴的侵袭。

③ "-a" 与 "-n" 这两个参数经常一起使用，用来查看 TCP 与 UDP 连接情况。其中，"-a" 参数用来显示所有连接及处于监听状态的端口；而 "-n" 参数则使用数字来表示主机与端口，更便于分析。

使用 netstat -an 命令可以查看当前 TCP 与 UDP 连接情况，分析是否有不正常的网络连接及本地是否打开了某些不应打开的可疑端口，如图5-9所示。通常在感染了病毒或木马后，系统会打开特殊端口，用 netstat 命令可以很方便地确定系统是否被感染及感染了哪种类型的病毒或木马，以便进行清除。

netstat -an 命令显示的结果分为4列，其显示的信息说明如表5-2所示。

图5-9　使用 netstat -an 命令查看 TCP 与 UDP 连接情况

表5-2　netstat -an 命令显示的信息说明

列　　名	名　　称	说　　明
Proto	协议类型	有两种协议，分别为 TCP 与 UDP
Local Address	本地地址端口	格式为 IP 地址：端口号
Foreign Address	对端地址端口	格式为 IP 地址：端口号
State	LISTENING	处于监听状态，等待其他主机发起对本 TCP 端口的连接请求
	SYN_SENT	处于连接尝试状态，已发送连接请求，正等待回应
	SYN_RECEIVED	接收其他主机的连接请求
	ESTABLISHED	连接已经建立，正进行正常的数据传输
	FIN_WAIT_1	端口已关闭，连接关闭中
	FIN_WAIT_2	连接已关闭，等待对方发送结束信号
	CLOSE_WAIT	对方已经关闭，等待端口关闭
	CLOSING	两侧端口都已经关闭，但数据仍未传送结束
	LAST_ACK	端口已经关闭，等待最后的确认信号
	TIME_WAIT	端口已经中断，正等待接收完所有仍在网络上的数据
	CLOSED	端口已经关闭

例如：

Proto	Local Address	Foreign Address	State
TCP	10.114.116.90:3753	112.64.234.141:80	ESTABLISHED

从这行参数可以看出这是一个 TCP 连接，远端服务器 IP 地址是 112.64.234.141，端口号为80，是 HTTP 服务器默认端口，本地 IP 地址是 10.114.116.90，端口为3753，连接状态是"ESTABLISHED"即正保持连接，属于正常通信状态，最后可以判断这个连接是本地主机正在访问 IP 地址为 112.64.234.141 的服务器的 WWW 服务。

更多时候，利用这个命令查看本地主机上是否打开了一些不应打开的可疑端口，特别是某些流行的木马的固定端口。例如，BO（Back Orifice）2000 使用 54320 端口、冰河使用 7626 端口。如果这些端口被打开，则很可能已经被对应的木马入侵，需要进行清除。

（4）本地路由管理。

计算机内存中也有路由表，从条目格式、工作原理到所发挥的作用都与路由器中的路由表相似，区别主要在于路由器的路由表管理不同子网之间的转发，而主机上的路由表主要用来指示当主机向外发送数据包时，不同目的地通过哪些指定接口发送。当然，如果一台主机拥有多个网络接口，并且连接着不同的子网，主机上同时启动 IP 路由转发，那么它就成了一台真正的路由器。

对本地计算机进行路由管理，首先要了解本地计算机是否开启了 IP 路由转发功能。所谓 IP 路由转发，指主机是否能以路由器的身份在不同子网间转发数据包。除用于充当路由器的主机、远程接入服务器、VPN 服务器、NAT 服务器等专门配置的服务器主机外，一般的计算机不应开启 IP 路由转发功能，否则很可能感染木马程序，结合 ARP 欺骗和 IP 数据包转发进行网络监听操作。

检查计算机是否开启 IP 路由转发功能最简单的方法是使用 ipconfig/all 命令，查看命令显示结果中的“IP Routing Enabled”参考值，如图 5-10 所示。如果为“No”，则表示路由转发功能没有开启；如果为“Yes”，则表示已经开启 IP 路由转发功能，需要检查是否有问题。

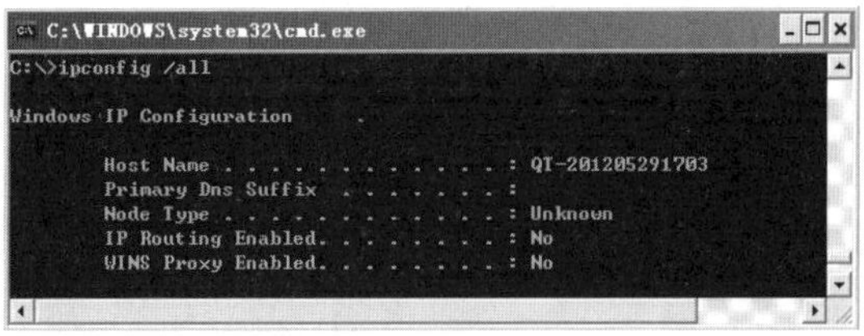

```
C:\WINDOWS\system32\cmd.exe
C:\>ipconfig /all

Windows IP Configuration

        Host Name . . . . . . . . . . . . : QT-201205291703
        Primary Dns Suffix  . . . . . . . :
        Node Type . . . . . . . . . . . . : Unknown
        IP Routing Enabled. . . . . . . . : No
        WINS Proxy Enabled. . . . . . . . : No
```

图 5-10　查看主机路由转发状态

要查看完整的本地路由表，可以使用 route print 命令，也可以使用 netstat -r 命令，显示的结果完全一样，如图 5-11 所示。显示信息分为三部分。第一部分是本地网络接口信息，即网卡基本信息，包括网卡的 MAC 地址和名称。第二部分是处于激活（工作）状态的路由表，分为 5 列，分别是 Network Destination（目标网络）、Netmask（子网掩码）、Gateway（网关）、Interface（接口）和 Metric（度量）。目标网络与子网掩码共同描述了目标网络地址信息，即目的地；网关表示到达目的地的下一站或本地出口地址；接口说明发送到这个目标网络需要使用哪个网络接口（网卡）；度量描述了到达目的地的开销，当到达目的地存在多条路由时，根据它来判断优选哪条路由。第三部分是定义的静态路由表。

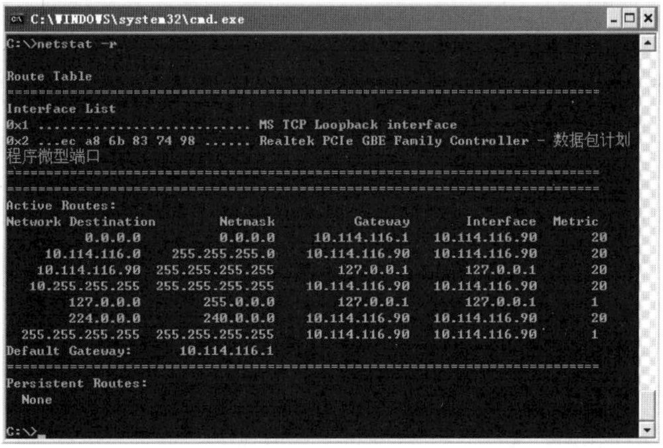

```
C:\WINDOWS\system32\cmd.exe
C:\>netstat -r

Route Table
===========================================================================
Interface List
0x1 ........................... MS TCP Loopback interface
0x2 ...ec a8 6b 83 74 98 ...... Realtek PCIe GBE Family Controller - 数据包计划
程序微型端口
===========================================================================
===========================================================================
Active Routes:
Network Destination        Netmask          Gateway       Interface  Metric
          0.0.0.0          0.0.0.0     10.114.116.1   10.114.116.90     20
     10.114.116.0    255.255.255.0    10.114.116.90   10.114.116.90     20
    10.114.116.90  255.255.255.255        127.0.0.1       127.0.0.1     20
   10.255.255.255  255.255.255.255    10.114.116.90   10.114.116.90     20
        127.0.0.0        255.0.0.0        127.0.0.1       127.0.0.1     1
        224.0.0.0        240.0.0.0    10.114.116.90   10.114.116.90     20
  255.255.255.255  255.255.255.255    10.114.116.90   10.114.116.90     1
Default Gateway:      10.114.116.1
===========================================================================
Persistent Routes:
  None

C:\>
```

图 5-11　查看完整的本地路由表

激活状态的路由表是当前正起作用的路由表，而静态路由表是由管理员在计算机上定义并在每次开机时加载的路由条目。

通常，与路由相关的配置，只需要配置默认网关即可。检查网关是否配置正确，可以查看激活状态路由表的最后一行 Default Gateway 的配置信息。在激活状态路由表的最前面一行或几行，能看到目标网络与子网掩码都是 0.0.0.0 的路由条目，即网络号为 0.0.0.0 表示整个网络或任何 IP 地址，也描述了默认路由。

当发生无法连接外网，但子网内通信正常的故障时，很可能是默认网关的问题，应该检查路由表，查看当前生效的默认网关有无发生变化或丢失配置信息。

使用命令可增加、变更、删除路由表条目。增加路由条目使用 router add 命令，删除路由条目使用 router delete 命令，变更路由条目使用 router change 命令。

例如，在如图 5-11 所示的环境下，执行命令：

```
route change 0.0.0.0 mask 0.0.0.0 10.114.116.254
```

可将默认网关变更为 10.114.116.254。

```
route delete 0.0.0.0 mask 0.0.0.0
```

删除默认网关。

```
Route add 0.0.0.0 mask 0.0.0.0 10.114.116.1
```

增加默认网关 10.114.116.1。

需要注意的是，这些通过命令增加或修改的路由条目在系统重新启动后不会保留，如果想让增加的路由条目在系统重新启动后仍发挥作用，就需要定义静态路由表，即图 5-11 所示的界面显示的第三部分路由条目，定义静态路由表使用 route add…-p 命令。

例如，执行命令：

```
route add 10.114.116.0 mask 255.255.255.0 10.114.116.254 -p
```

增加静态路由条目，表示目标地址属于 10.114.116.0/24 网络的数据包将通过 10.114.116.254 进行转发而不是通过默认网关 10.114.116.1 进行转发。

```
route delete 10.114.116.0 mask 255.255.255.0
```

删除以上定义的静态路由条目（删除静态路由条目不需要加"-p"参数）。

灵活地应用路由命令，可以定位并解决很多由于路由表变化影响网络通信的故障，关于路由命令的更多参数可以参考微软提供的命令手册，或者使用 route -? 命令查看联机帮助。

（5）本地 ARP 缓存管理。

在 TCP/IP 局域网通信过程中，广泛使用能体现网络结构、便于管理和理解的网络层地址——IP 地址，但我们已经了解，在网卡上固化的地址是物理地址——MAC 地址，网卡只能通过 MAC 地址来判断是否接收并处理网络上的数据帧。因此，在进行通信时，必须通过 ARP 将 IP 地址转换为 MAC 地址。

ARP 是一个在局域网通信中广泛使用的协议，使用广播包发送，网络中的每台主机都是 ARP 数据包的接收者和发送者。

计算机之间通信频繁，如果每次通信都通过 ARP 来获取 MAC 地址信息，就会造成网络和主机资源的浪费。操作系统会在主机上建立一个本地 ARP 缓冲区（ARP Cache），在缓冲区中保存近期使用的 IP 地址与 MAC 地址的映射记录。

当源主机需要将一个数据包发送到目的主机时，会检查自己的 ARP 缓存中是否存在与该 IP 地址对应的 MAC 地址记录。如果有，则直接将数据包发送到这个 MAC 地址；如果没有，就向本地网段发起一个 ARP 请求数据包，查询此目的主机对应的 MAC 地址。这个 ARP 请求数据包里包括源主机的 IP 地址、MAC 地址，以及目的主机的 IP 地址。

网络中所有的主机收到这个 ARP 请求数据包后，会检查数据包中的目的 IP 地址是否与自己的 IP 地址一致。如果不同，则忽略此数据包。如果相同，则主机先将发送端的 MAC 地址和 IP 地址添加到自己的 ARP 缓存中，若 ARP 表中已经存在该 IP 地址信息，则覆盖，然后给源主机发送一个 ARP 响应数据包，告诉对方自己的 MAC 地址。

源主机收到这个 ARP 响应数据包后，将得到的目的主机的 IP 地址和 MAC 地址添加到自己的 ARP 缓存中，并利用此信息开始数据的传输。如果源主机一直没有收到 ARP 响应数据包，则表示 ARP 查询失败。

ARP 本身没有任何的验证机制，因此接收 ARP 响应数据包后，主机无法确认 ARP 响应数据包的发送者和信息是否属实。ARP 的工作方式产生了一个安全漏洞，别有用心的人可以轻易地冒名顶替发送 ARP 响应数据包，欺骗目标主机，并借此来窃取数据。

很多病毒、木马和黑客工具为了进行网络数据窃听，常常发送错误的 ARP 响应数据包来进行 MAC 地址欺骗，常被称为 ARP 欺骗或 ARP 缓存污染。ARP 欺骗会造成网络通信数据泄露，部分主机之间无法正常通信，甚至整个局域网无法访问外网，如 2006 年下半年开始流行的"传奇杀手"木马使得大量局域网无法访问 Internet，影响极大。

在 Windows 系列操作系统中，提供了管理本地 ARP 缓存的工具——arp 命令，通过 arp 命令，可以检查本地 ARP 记录的正确性，并解决 ARP 欺骗造成的 ARP 缓存记录错误。

使用 arp -a 命令可以查看整个 ARP 缓存表，如图 5-12 所示。命令显示结果分为三列，分别是 Internet Address（Internet 地址，即 IP 地址）、Physical Address（物理地址，即 MAC 地址）及 Type（记录类型）。记录类型分为动态记录（dynamic）和静态记录（static）两种，动态记录指通过 ARP 了解的记录（如果一段时间不被刷新，就会自动清除），而静态记录指通过的记录（只要系统不重新启动就不会被清除）。

图 5-12 　查看 ARP 缓存表

如果发现主机无法连接外网，而默认网关设置没有问题，网关工作也正常，那么就要怀疑 ARP 记录是否正确。检查使用 arp -a 命令显示的网关对应的记录是否存在，如果没有网关记录，则可能是网关的故障；如果有网关记录，则需要比对其 MAC 地址（物理地址）是否真实。如果事先没有记录网关的正确 MAC 地址，可以采用以下办法来判断：先使用 arp -d 命令删除本地所有 ARP 缓存记录，然后使用 ping 命令测试与网关的连通性，最后使用 arp -a 命令查看并记录网关对应的 MAC 地址。这样做的依据是 ARP 欺骗主机必然是定时不断发送虚假的 ARP 数据包，先删除本地错误的记录，然后 ping 网关，主机会向网络发送 ARP 广播询问网关 MAC 地址，真正的网关会答复这个 ARP，这时查看记录即能获取正确的网关 MAC 地址。

如果发现确有 ARP 欺骗，可以利用 arp 命令定义静态 ARP 缓存记录，使本地主机暂时不受 ARP 欺骗的影响，命令格式是"arp -s ip 地址 MAC 地址"。如图 5-13 所示定义了一条 IP 地址为 10.10.10.10、MAC 地址为 00-11-22-33-44-55 的静态记录，注意重新启动系统后静态记录会被清除，需要重新定义。

图 5-13　定义静态 ARP 缓存记录

2．病毒、木马与恶意软件的防治

做好对病毒、木马和恶意软件的防治，先要保证系统本身的安全性，为系统设置可靠的口令，及时安装系统的漏洞修复补丁，关闭不必要的端口和服务，这样就能大大减少系统被攻击的概率。

（1）病毒的防治。

病毒防治，要以防为主，以查杀为辅，对病毒可能入侵的系统环节加以保护和监控，计算机病毒是完全可以防范的。

防范病毒，需要安装专业的防病毒软件，通过系统的实时监控和定期扫描功能，做到防患于未然。目前常用的防病毒软件有 360 安全卫士、火绒安全软件、卡巴斯基等，这些防病毒软件各有特点，在防、杀功能和效率上略有区别，但防范能力都较强。相对于病毒的出现，防病毒软件的更新总是相对滞后，并且当前病毒的主要传播途径是网络，加速了病毒的传播速度与范围，因此要及时更新病毒特征库，这样才能够有效降低病毒入侵的风险。

目前的病毒普遍利用系统的漏洞进行攻击，通过大范围的网络地址扫描进行传播。那么如何才能有效地保护系统呢？关键是及时给系统打上补丁，系统的补丁会将病毒利用的

"后门"堵住，有效地保护系统。一般操作系统开发厂商在发现系统有严重安全漏洞及做安全升级时都会推出相应的安全补丁，用户应及时关注此方面的资讯，第一时间打上补丁为系统做好防护措施。

病毒除直接入侵攻击外，一般需要通过相应的途径才能进入计算机系统。因此，用户上网时不要访问不熟悉的网站，对于未知链接不要轻易点击，如来历不明的邮件内的链接、不知名网站推荐的链接等。现在从网上下载的很多软件，在安装界面大多有软件安装选择框，一般都是默认全选，一定要全部取消选择，不要安装携带的软件，避免病毒侵入。

即使系统感染了病毒，只要用户处理得当，大部分病毒都可以顺利清除。对于被感染的文件，病毒查杀程序一般按照以下顺序进行处理。①清除病毒。将感染病毒后的文件复原，清除病毒，并保证文件不被破坏。②转移并隔离病毒。将病毒进行隔离，保证病毒不会扩散和发作。对于暂时无法清除病毒的文件，将其保留在安全的隔离区，使病毒不会对系统的正常运行造成影响，等待以后做进一步处理。隔离病毒是无法清除病毒时的临时性处理方式。③删除文件。对于一些感染病毒后源文件已经损坏且无法恢复的文件，病毒查杀程序会将其删除。

对于局域网上传播的蠕虫病毒，查杀过程相对比较复杂，需要将所有主机从网络中断开，并依次对主机进行杀毒，所有主机均查杀完成方能联入网络。否则，只要有一台主机没有清除干净，整个网络很快又会被蠕虫淹没。

（2）木马的防治。

大部分防病毒软件都提供了对木马的防治，只要打开防病毒软件的实时监控，木马一般无法进入系统。个人防火墙软件则是对付木马的另一种可靠手段，安装个人防火墙后，即使主机感染了木马，也不会因此丢失数据和泄露信息。此外，还有很多专门针对木马的防治工具，著名的国产木马防治软件——木马克星，对木马的防御和清除能力较强。

由于木马一般不感染其他文件，因此清除相对比较简单，但有些木马常常通过多种方式来启动木马程序，并将木马文件以不同的文件名存放于系统的不同位置，只要没有一次性清除所有木马文件，下次系统重启时木马又会死灰复燃。清除木马最好采用专业病毒、木马查杀软件，如果要手工清除，则必须了解木马的所有痕迹，并依次进行清除。

（3）恶意软件的防治。

恶意软件虽然大多提供了卸载选项，但很难从系统上真正卸载干净，常常是刚卸载，一旦连接网络又出现了。防病毒软件一般无法对恶意软件进行阻止和清除。要防止恶意软件进入系统，就要对自己上网和安装软件的习惯进行规范。恶意软件进入系统的一个途径是与其他软件捆绑安装，在安装软件的过程中，会提示用户是否确认安装，用户只要仔细查看软件安装过程中对话框的内容，就可以阻止安装一部分恶意软件。恶意软件进入系统的另一个途径是以浏览器插件形式进行安装的，在这种情况下，浏览器也会做出提示，只要用户注意，也完全可以避免。

如果系统中已经存在恶意软件，可以使用专门的恶意软件清除工具，或者手动进行清除。如果浏览器被劫持（被篡改了首页、安全选项，会自动弹出窗口，又无法恢复的情况），可以使用 IE 恢复工具进行处理，比较著名的 IE 恢复工具是 HijackThis，它可以修复各种恶意软件、木马、病毒对浏览器选项的更改，并清除通过各种途径在系统启动中加载的非法程序。

5.3 网络安全机制

网络安全机制是一种用于解决和处理某种安全问题的方法，它的引入提供了一种有效解决网络安全威胁的途径。

随着 TCP/IP 在互联网上的广泛采用，信息技术与网络技术得到了飞速发展，随之而来的是安全风险问题的急剧增加。为了保护国家公众信息网、企业内联网和外联网信息及数据的安全，要大力发展基于信息网络的安全技术。

国际标准化组织（ISO）在开放系统互连参考模型（OSI/RM）的基础上，于 1989 年制定了在 OSI 环境下解决网络安全的规则：安全体系结构。它扩充了基本参考模型，加入了安全问题的各个方面，为开放系统的安全通信提供了一种概念性、功能性及一致性的途径。OSI 安全体系结构同样包含 7 层：物理层、数据链路层、网络层、传输层、会话层、表示层和应用层。

5.3.1 加密技术

加密是保护数据免遭攻击的一种主要方法，不但可以维护数据的隐秘性，而且可以协助辨识、保护数据的完整性。因此，加密是最重要的，也是应用最广泛的一种保护数据的方法。

在加密处理过程中，需要保密的信息叫作明文，经加密处理后的信息叫作密文。加密是将明文转换为密文的过程，该过程的逆过程叫作解密，即将密文转换为明文的过程。

在计算机网络中，加密可分为通信加密（传输过程中的数据加密）和文件加密（存储数据的加密）。而通信加密又可分为节点加密、链路加密和端—端加密三种方式。

1．节点加密

节点加密就是对相邻两个节点之间传输的数据进行加密。在这种方式中，加密仅对报文加密，而不对报头加密，以便选择传输路由。这种方式易被某种形式的报文分析所发觉，破坏者据此可获取与一个给定点收/发信息有关的统计资料。

2．链路加密

链路加密位于数据链路层，是对相邻节点之间的链路上所传输的数据进行加密，包括数据和所有的报头。这种方式能有效地抵抗线路串扰、主动或被动地搭线窃听所造成的威胁。

3．端—端加密

端—端加密是对用户之间传送的数据进行连续的保护。在初始节点上实施加密，在中间节点以密文形式传输，仅在目的节点才能解密。但在加密时，报头仍为明码形式。这种方式对于防止线路串扰、搭线窃听、把网络中间节点数据转存到不同的主机是很有效的。同时，对于进行故障修复和网络监控，以及防止复制网络软件和软件泄露等情况也十分有效。端—端加密位于表示层，虽然提供了灵活性，但是增加了主机的负担。

目前，在网络环境下经常使用的加密算法有对称性算法、非对称性算法和单向函数法。对称性算法是指加密和解密使用同一个密钥；非对称性算法是指加密和解密分别使用不同的密钥；单向函数法是指数据经由该函数转换后，所得结果与原数据不同，并且从该结果数据难以推算还原至原来的数据。单向函数法虽然只能进行单向的转换，但在安全防护上有特殊的用途。

5.3.2　安全认证技术

网络安全认证技术是网络安全技术的重要组成部分。认证指的是证实被认证对象是否属实和是否有效的一个过程，其基本思想是通过验证被认证对象的属性来达到确认被认证对象是否真实有效的目的。被认证对象的属性可以是口令、数字签字，也可以是头像、指纹、声音、视网膜这样的生理特征。认证常常被用于通信双方相互确认身份，以保证通信的安全，一般可分为两种：身份认证技术和消息认证技术。

1. 身份认证技术

身份认证是证实实体身份的过程，是保证系统安全的重要措施之一。当服务器提供服务时，需要确认访问者的身份，访问者有时也需要确认服务提供者的身份。

计算机网络系统是一个虚拟的数字世界。在这个数字世界中，一切信息包括用户的身份信息都是用一组特定的数据来表示的，计算机只能识别用户的数字身份，所有对用户的授权也是针对用户数字身份的授权。

2. 消息认证技术

随着网络技术的发展，对网络传输过程中信息的保密性提出了更高的要求，这些要求主要包括以下几点。

（1）对敏感的文件进行加密，即使别人截取文件也无法得到其内容。

（2）保证数据的完整性，防止截获人在文件中加入其他信息。

（3）对数据和信息的来源进行验证，以确保发信人的身份。

消息认证实际上是针对消息本身生成一个冗余的信息——MAC（消息认证码），消息认证码是利用密钥针对要认证的消息生成新的数据块并对数据块加密生成的。它对于要保护的信息来说是唯一的，因为可以有效地保护消息的完整性，以及实际发送端消息的不可抵赖和不能伪造。随着密码技术与计算机计算能力的提高，消息认证的实现方式也在不断改进和更新，多种实现方式会为更安全的消息认证码提供保障。

5.4 防火墙技术

5.4.1 防火墙的概念

目前，保护网络安全最主要的手段之一是构筑防火墙。防火墙是一种隔离控制技术，它在某个机构的内部网络和不安全的外部网络（如 Internet）之间设置屏障，用来保护内部的网络不受来自外界的侵害，阻止对信息资源的非法访问，也可以用来阻止保密信息从企业的网络上被非法传出，如图 5-14 所示。

图 5-14　防火墙

防火墙是在两个网络通信时执行的一种访问控制尺度，它允许网络管理人员"同意"的人和数据进入网络，同时将网络管理人员"不同意"的人和数据拒之门外，阻止网络中的黑客访问其网络，防止他们更改、复制或毁坏重要信息。

5.4.2 防火墙的作用

防火墙是网络安全的第一道防线。防火墙利用隔离控制技术，将内部网络和外部网络相对分开。这种技术的核心思想是在不安全的网络环境下构造一种相对安全的内部网络环境。因此，在决定使用防火墙保护内部网络的安全时，先要了解防火墙具备的基本功能，这是选择防火墙的依据和前提。一般而言，防火墙应该具有下述基本功能。

（1）过滤信息并保护网络上的服务。通过过滤一些先天就不安全的服务，能够极大地增强内部网络的安全性，降低内部网络中主机被攻击的危险性。

（2）控制对网络中系统的访问。防火墙具有控制访问网络中系统的功能。例如，来自外部网络的请求可以到达内部网络的指定机器，而无法到达内部网络的其他机器，保证了内部网络的安全。

（3）集中和简化安全管理。使用防火墙可以使网络管理无须针对内部网络的每台主机专门配置安全策略，只要针对防火墙做合理的配置，就可以实现对整个网络的保护。当安全策略需要调整时，修改防火墙即可，实现了对内部网络的集中和简化安全管理。

（4）方便监视网络的安全性。对一个内部网络而言，重要的问题并不是网络是否受到攻击，而是何时会受到攻击。防火墙可以在受到攻击时通过 E-mail、短信等方式及时通知网络管理员做出响应和处理。

（5）增强网络的保密性。保密性是指保证信息不会被泄露与扩散。保密性在一些网络中是首先要考虑的问题，因此通常被认为是无害的信息，实际上包含着对攻击者有用的线索。

（6）对网络存取和访问进行监控和审计。例如，防火墙会将内、外网络之间的数据访问加以记录，并提供关于网络使用的有价值的统计信息，供网络管理员分析。

（7）强化网络安全策略。防火墙提供了实现和加强网络安全策略的手段。实际上，防火墙向用户提供了对服务的访问控制方式，起到了强化网络对用户访问控制策略的作用。

5.4.3　防火墙的分类

1．根据防火墙的软、硬件形式分类

防火墙按照软、硬件形式，可分为软件防火墙和硬件防火墙。

（1）软件防火墙。

软件防火墙以软件方式提供给用户，要求安装在特定的计算机和操作系统上。安装完成后的计算机就成了防火墙，但还需要进行各项必要的配置，并部署于网络的恰当位置才能发挥其作用。

此处提到的软件防火墙与人们经常讲的个人防火墙并不完全相同。个人防火墙也是软件防火墙的一种，但它安装在网络终端计算机上，只能提供对单机的安全防护，是一种功能比较单一的软件防火墙产品。

有人认为软件防火墙肯定不如硬件防火墙，这种观点是错误的，相对于硬件防火墙，软件防火墙具有很多优点：安装配置灵活，易于使用；软件和硬件系统升级容易，升级成本低廉；功能配置灵活，有些产品还提供了二次开发的接口，可以根据用户的需求开发出特殊的功能。

（2）硬件防火墙。

硬件防火墙是以硬件形式提供给用户的，有些防火墙产品为了提高产品稳定性，经常定制计算机硬件，这些计算机硬件与普通的计算机硬件没有本质区别，可能对体积和散热装置进行了改造，这类计算机硬件架构的硬件防火墙经常采用经过优化和裁减的 Linux 或 UNIX 操作系统，稳定性比较高。如图 5-15 所示为一台企业级安全防火墙。

图 5-15　企业级安全防火墙

这样的硬件防火墙与软件防火墙并无本质区别，只是提高了设备的稳定性，简化了系

统的安装过程。

真正意义上的硬件防火墙也被称为芯片级防火墙，它基于专门的硬件平台，不使用普通操作系统，将所有的防火墙功能都集成于特殊的 ASIC 芯片中。借助专用的硬件支持，芯片级防火墙比其他种类的防火墙处理速度更快、处理能力更强、性能更高。由于芯片级防火墙的软、硬件都是为专业用途设计的，因此能提供更强大的功能和更简易的配置，稳定性和安全性也是所有产品中最高的，当然，芯片级防火墙的价格也是同级产品中最昂贵的。

2. 根据防火墙的工作方式分类

根据防火墙的工作方式可分为包过滤型防火墙、代理服务型防火墙和状态监测防火墙。

（1）包过滤型防火墙。

包过滤型防火墙也被称为分组过滤型防火墙，是一种通用型防火墙，这种防火墙不针对各个具体的网络服务采取特殊的处理方式。同时，绝大多数防火墙均提供包过滤功能，并且满足大多数的安全需求。

包过滤型防火墙工作于 OSI 参考模型的网络层与传输层。它根据分组包的源地址、目的地址、端口号、协议类型及标志确定是否允许分组包通过，其中满足过滤条件的数据包被转发，否则丢弃。包过滤型防火墙所过滤的信息均位于数据包的 IP、TCP 或 UDP 包头。

（2）代理服务型防火墙。

代理服务型防火墙也被称为应用网关防火墙，采用代理服务器（Proxy Server）的方式来保护内部网络。代理服务是指防火墙充当了内部网络与外部网络应用层通信的代理，内网主机与外网服务器建立的应用层链接实际上是先建立与代理服务器的链接，然后由代理服务器与外网主机建立应用层链接，这样便成功地实现了防火墙内、外计算机系统的隔离。

代理服务是设置在 Internet 防火墙网关上的应用，可以设定允许或拒绝特定的应用程序或特定服务。例如，设定内部用户可以使用 E-mail 和 QQ 与外网联系，但不能使用 BT、电驴等 P2P 软件进行下载。代理服务型防火墙可以进行用户级访问控制，还具有较强的数据流监控、过滤、记录和报告等功能。代理防火墙的另一个重要功能是高速缓存，缓存中存储着用户经常访问的站点内容，当另一个用户要访问同样的站点时，服务器不用重复地抓取重复的内容，直接从缓存中调取相应的数据，在提高用户访问速度的同时也节约了网络资源。

代理服务型防火墙安装和设置简单，可以采用软件方式，成本低廉。主要不足之处在于所有跨网络访问都要通过代理来实现，在访问吞吐量大、连续数量多的情况下，代理将成为网络的瓶颈。

（3）状态监测防火墙。

状态监测技术结合了包过滤与代理技术的特点，具有最佳的安全特性。状态监测防火墙采用一个在网关上执行网络安全策略的软件引擎，被称为检测模块。检测模块在不影响网络正常工作的前提下，采用抽取相关数据的方法对网络通信的各层实施监测，抽取的部分数据被称为状态信息。检测模块将获取的状态信息动态地保存起来作为今后制定安全决策的参考。检测模块支持多种协议和应用程序，并可以很容易地实现应用服务的扩充。与其他安全方案不同，当用户访问到达网关的操作系统前，状态监视器要抽取有关数据进行分析，结合网络配置和安全规定做出接纳、拒绝、鉴定或给该通信加密等决定。一旦某个访问者违反安全规定，安全报警器就会拒绝其访问，并记录下来向系统管理器报告网络状态。

　　状态监测防火墙能提供完整的网络安全防护策略、详细的统计报告，具有较快的处理速度，能够防御各种已知的和未知的网络攻击行为，适用于各类网络环境，在一些复杂的大型网络上更能发挥其优势，是当前主流防火墙技术。

　　状态监测防火墙的缺点是配置复杂，对系统性能要求较高，设备价格较高，对网络访问速度会造成影响。

5.4.4　防火墙的部署

　　安装防火墙的基本原则：只要有恶意入侵的可能，无论是内部网络还是与外部网络的连接处，都应该安装防火墙。

　　首先，安装防火墙的位置应该是公司内部网络与外部 Internet 的接口处，以阻挡来自外部网络的入侵；其次，如果公司内部网络规模较大，并且设置了虚拟局域网（VLAN），则应该在各个 VLAN 之间设置防火墙；最后，通过公网连接的总机构与各分支机构之间也应该设置防火墙，如果有条件，还应该同时将总机构与各分支机构组成虚拟专用网（VPN）。

5.4.5　防火墙的局限性

　　防火墙技术是内部网络最重要的安全技术之一，可使内部网络在很大程度上免受攻击，但不能认为配置了防火墙之后所有的网络安全问题就都迎刃而解了。随着网络技术的发展，网络结构日趋复杂，防火墙也暴露了其明显的局限性，许多危险是防火墙无能为力的。

　　防火墙主要存在以下局限性。

　　（1）防火墙把外部网络当成不可信网络，主要预防来自外部网络的攻击，而把内部网络当成可信网络。然而事实证明，50%以上的黑客入侵来自内部网络，但是防火墙对此却无能为力。这时可以把内部网络分成多个子网，用内部路由器安装防火墙的方法以保护一些内部关键区域。采用这种方法，其维护成本和设备成本都会很高，同时也容易产生一些安全盲点，但比不对内部进行安全防范要好。

　　（2）经常需要有特殊的、较为封闭的网络拓扑结构来支持，对网络安全功能的加强往往以网络服务的灵活性、多样性和开放性为代价。

　　（3）防火墙系统防范的对象是来自网络外部的攻击，而不能防范不经由防火墙的攻击。例如，通过 SLIP 或 PPP 的拨号攻击，绕过了防火墙系统而直接拨号进入内部网络，防火墙系统对这样的攻击很难防范。

　　（4）防火墙只让来自外部网络的一些规则允许的服务通过，这样反而会抑制一些正常的信息通信，从某种意义上讲，大大削弱了 Internet 应用的功能，特别是电子商务发展较快的今天，防火墙的应用很容易导致错失商机。

5.4.6　防火墙的选购原则

　　防火墙是目前使用最为广泛的网络安全产品之一，用户在选购时应该注意以下几点。

1. 防火墙自身的安全性

大多数人在选择防火墙时都将注意力放在防火墙如何控制连接及防火墙支持多少种服务上，往往忽略了防火墙也是网络上的主机之一，也可能存在安全问题。防火墙如果不能确保自身安全，则其控制功能再强，也不能完全保护内部网络。

防火墙自身安全性的关键在于操作系统，而应用系统的安全则是以操作系统的安全为基础的。当防火墙主机上所运行的软件出现安全漏洞时，防火墙本身也将受到威胁。此时，任何的防火墙控制机制都可能失效。这是因为当黑客取得了防火墙的控制权以后，黑客几乎可以为所欲为地修改防火墙上的访问规则，进而入侵更多的系统。防火墙安全指标最终可归结为两个方面：一是防火墙是否基于安全（甚至是专用）的操作系统，二是防火墙是否采用专用的硬件平台。只有两者结合才可能保证自身的安全。

2. 系统的高效性

高性能是防火墙的一个重要指标，它直接体现了防火墙的可用性。如果使用防火墙使网络性能有较大幅度的下降，不但用户无法接受，可能还会给用户造成较大的损失。一般来说，防火墙加载上百条规则，其性能下降不应超过5%（指包过滤防火墙）。

3. 系统的可靠性

可靠性对于防火墙这类访问控制设备来说尤为重要，直接影响受控网络的可用性。从系统设计上讲，提高可靠性的措施一般是提高本身部件的强健性、增大设计阈值和增加冗余部件。这就要求有较高的生产标准和设计冗余度，如使用电源热备份、系统热备份等。

4. 管理方便性

网络技术发展很快，各种安全事件不断出现，这就要求安全管理员要经常调整网络安全策略。对于防火墙这类访问控制设备来说，除不断调整安全控制策略外，业务系统访问控制的调整也很频繁。因此，管理防火墙要在充分考虑安全需要的前提下，提供方便灵活的管理方式和方法，通常体现为管理途径、管理工具和管理权限。

5. 配置方便性

质量好的防火墙具有强大的功能，但是其配置安装的过程也较为复杂，有较高的技术含量，需要网络管理员对原网络配置进行较大的改动。但是，支持透明通信的防火墙在安装时就不需要对网络配置做任何改动，所做的工作只相当于接一个网桥或交换机。

6. 可扩展性和可升级性

用户的网络是随时在变化的。随着业务的发展，公司内部可能组建不同安全级别的子网，防火墙此时不仅要在公司内部网和外部网之间进行过滤，还要在公司内部子网之间进行过滤。因此，用户在购买防火墙时必须清楚是否可以增加网络接口，因为有些防火墙无法扩展。

随着网络技术的发展和黑客攻击手段的变化，防火墙也必须不断地升级，因此支持软件升级就很重要了。如果不支持软件升级，为了抵御新的攻击手段，用户必须进行硬件上的更换，而在更换期间网络是不设防的，同时用户也要为此支付更多的金额。

习 题 5

一、填空题

1．按照国际标准化组织的定义，网络管理是指规划、监督、控制_____和_____，以使网络的性能达到最优。

2．网络性能故障指网络的性能下降，_____，业务受到一定程度的影响，但并未中断。

3．网络安全认证技术被用于通信双方相互确认身份，以保证通信安全，一般可分为两种：_____和_____。

4．黑客网络攻击采取的主要方式包括窃听、_____、_____、_____和漏洞攻击。

5．黑客网络攻击主要分为攻击准备阶段、_____和_____三个阶段。

6．木马是一种在_____，使远程计算机能够通过_____控制本地计算机的程序，一般由客户端程序和_____两部分组成。

7．网络的安全防范主要表现在_____和_____两个方面。

8．漏洞攻击是指攻击者通过_____、_____等来攻击目标网络，以获得目标网络用户账号、密码，进而获得目标网络操作权限。

9．根据工作方式，防火墙可分为：_____、_____和_____三种。

10．一个功能完善的网络管理系统通常包括五个方面的管理功能，即配置管理、_____、_____、_____和安全管理。

二、选择题

1．计算机网络安全的内容包括（　　　）。

    A．硬件的安全

    B．软件和数据的安全

    C．计算机运行的安全

    D．以上都是

2．下列关于计算机病毒的叙述错误的是（　　　）。

    A．计算机病毒具有隐蔽性

    B．计算机病毒具有传染性

    C．计算机病毒具有自我复制能力

    D．计算机病毒是被破坏的程序

3．（　　　）命令是 Windows 操作系统提供的用于查看与 IP、TCP、UDP 和 ICMP 相关的统计数据的网络工具，能检验本机各端口的网络连接情况。

    A．ping   B．ARP

　　C．netstat　　　　　　　　　　　　　D．ipconfig

4．下列关于计算机网络加密技术叙述错误的是（　　　）。

　　A．文件加密是指存储数据的加密

　　B．通信加密是指传输过程中的数据加密

　　C．加密是保护数据免遭攻击的一种主要方法

　　D．文件加密包括节点加密和链路加密

5．学校校园网内的计算机经常受到外网的攻击，为保障学校本地局域网的安全，防火墙合适的放置位置是（　　　）。

　　A．学校域名服务器上

　　B．学校局域网与外网连接处

　　C．教学区与图书馆服务器之间

　　D．WWW 服务器上

6．下列哪一项不是防火墙提供的功能？（　　　）

　　A．过滤进出内部网络的信息

　　B．控制对网络中系统的访问

　　C．对网络攻击行为进行检测和报警

　　D．修复被破坏的操作系统

7．在 ping 命令中，实现持续测试对方主机功能所用到的参数是（　　　）。

　　A．-n　　　　　　B．-r　　　　　　C．-t　　　　　　D．-a

8．（　　　）命令可以显示系统 TCP/IP 的配置值，用来检验当前的 TCP/IP 设置是否正确。

　　A．tracert　　　　　　　　　　　　B．ipconfig

　　C．netstat　　　　　　　　　　　　D．ping

9．网络管理功能中负责持续评测网络运行主要性能指标，检验网络服务是否达到预定水平的功能是（　　　）。

　　A．配置管理　　　　　　　　　　　B．故障管理

　　C．性能管理　　　　　　　　　　　D．记账管理

10．（　　　）是一种在远程计算机之间建立连接，使远程计算机能够通过网络控制本地计算机的程序。

　　A．木马　　　　　　　　　　　　　B．蠕虫

　　C．病毒　　　　　　　　　　　　　D．恶意软件

三、简答题

1．什么是网络安全？网络中存在哪些安全威胁？

2．什么是计算机病毒？试举出几种常见的计算机病毒。

3．什么是网络防火墙？防火墙可分为哪几类？

4．简述网络安全的目标包括哪些方面，并说明网络安全的唯一真正目标是什么。

5．简述通信加密技术的三种方式。

第 **6** 章

交换与路由技术

内容摘要

- ◆ 网络设备的基本配置
- ◆ 虚拟局域网（VLAN）及其配置
- ◆ 端口聚合及其配置
- ◆ 路由协议及其配置
- ◆ 访问控制列表（ACL）及其配置
- ◆ 网络地址转换（NAT）及其配置
- ◆ 层次化网络设计模型的特点

学习目标

- ◆ 掌握网络设备的基本配置
- ◆ 掌握虚拟局域网及其配置
- ◆ 掌握端口聚合及其配置
- ◆ 掌握路由协议及其配置
- ◆ 掌握访问控制列表及其配置
- ◆ 理解网络地址转换及其配置
- ◆ 了解层次化网络设计模型

◢ **素质目标**

◆ 通过网络搭建实例，激发学生的求知欲、学习
兴趣和积极性，培养学生良好的园区网设计、设备
配置和安全故障排除能力。

◆ 通过对网络设备的配置和管理，培养学生的交流
沟通能力、独立思考能力和严谨的逻辑思维能力，提高
学生自主学习、合作探究的能力，使其能够按照规范完成
操作，并正确处理路由、交换网络中遇到的实际问题。

◆ 培养学生网络规划、系统分析与解决问题的能力，使其能够深入
掌握相关知识点并综合运用相关知识满足网络实际应用需求

◢ **思政目标**

◆ 培养学生团队合作精神、学习探究和协同创新
能力，树立共享发展理念，突破技术更新，激发
学生奉献、爱国精神

◆ 培养学生诚信、务实、谦虚、严谨的职业素养，具备
服务意识、安全意识和工匠精神。

◆ 培养学生良好的职业道德和职业操守，提升职业竞争力

随着 Internet 的发展，各种模块化、智能化、多功能的网络设备在大型的骨干网中扮演着重要的角色，使计算机网络技术得到了广泛的推广和应用，不仅改变了人们传统的工作、生活、学习方式，还大大提高了人们的工作效率，推动了社会发展。随着网络设备呈现国产化的趋势，网络产品的市场占有率越来越高，各种网络技术"1+X"职业技能等级认证成为众多企业招聘职业技能型人才的重要参考标准，同时，这些网络技术也是国家职业技能大赛的考查内容。因此，为了应对我国信息技术面临的困境、短板及产业对技术技能人才的需求，精通交换路由等网络技术显得尤为重要。

6.1 路由器和多层交换机概述

路由器（Router）是一种典型的网络层设备，负责在网络层之间传输数据分组，并确定网络上数据传送的最佳路径，完成网络层之间中继的任务。一般来说，异种网络互联与多个子网互联都需要用路由器来完成。因此，路由器不仅具有寻址和转发的功能，

可实现数据分组从一个网络到另一个网络的传输，还可以对网络、地址、协议、端口号、数据包进行过滤和筛选，实现对网络信息的安全保护。如图 6-1 所示是几款模块化的路由器和模块接口卡，用户可以根据需求选择模块的类型和数量。

图 6-1　模块化的路由器和模块接口卡

交换机（Switch）是一种具有简化、低价、高性能和多端口密集特点的交换产品。根据 OSI 参考模型，通常可分为二层交换机和三层交换机。通常所说的交换机就是指二层交换机（又称为 LAN 交换机），属于数据链路层设备，是二层交换技术在局域网中的典型应用。二层交换技术可以识别数据帧中的 MAC 地址信息，根据 MAC 地址转发数据帧，并将这些 MAC 地址与对应的端口记录在自己内部的一个 MAC 地址表中。数据帧的发送与接收正是围绕这张 MAC 地址表展开的，从而建立了一条临时的交换路径，使数据帧由源地址发送到目的地址。

随着网络间互访的不断增加，单纯地使用路由器来实现不同网络间的访问，不但端口数量有限，而且路由速度较慢，从而限制了网络的规模和访问速度。基于这种情况，三层交换机出现了。三层交换机是为 IP 设计的，既可以工作在 OSI 参考模型的第三层，替代或完成部分传统路由器的功能，又具有几乎与第二层交换机等同的速度，接口类型简单，并且价格相对便宜，非常适用于大型骨干网内的数据路由与交换。三层交换机与二层交换机工作方式类似，除使用二层 MAC 地址进行交换外，还使用 OSI 参考模型的第三层（网络层）实现了不同子网间数据包的 IP 高速路由转发。简单地说，三层交换技术就是二层交换技术＋三层转发技术。因此，三层交换技术解决了局域网中网段划分之后网段中子网必须依赖路由器进行管理的局面，解决了传统路由器低速、复杂所造成的网络瓶颈问题。

6.1.1　网络设备的配置方法

1. 带外管理——利用控制台（Console）端口配置

新购进的网络设备（本章多指思科多层交换机和路由器）一般都有出厂默认设置，如果用户想知道其网络接口是否启用和参数如何，可用一根配置线（反转线）将计算机的串行口（COM）和网络设备的控制台（Console）端口相连，通过使用 Windows 自带的"超级终端"软件或第三方工具软件 SecureCRT，对网络设备进行后续配置和管理。

如图 6-2 所示为一款三层交换机及其硬件连接线。

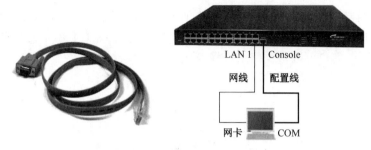

图 6-2　三层交换机及其硬件连接线

具体操作步骤如下。

（1）在 Windows 系统中，选择"开始"→"程序"→"附件"→"通信"→"超级终端"命令，在打开的"连接描述"对话框中输入连接的名称，如图 6-3 所示。

（2）单击"确定"按钮，弹出"连接到"对话框，如图 6-4 所示。在"连接时使用"下拉列表框中选择当前计算机连接的 COM1 端口，完成后单击"确定"按钮。

（3）在弹出的"COM1 属性"对话框中，单击"还原为默认值"按钮，如图 6-5 所示。

（4）设置好默认值后，单击"确定"按钮，就会打开"star-超级终端"窗口自动连接网络设备，可以看到如图 6-6 所示的命令提示符配置界面。

图 6-3　"连接描述"对话框

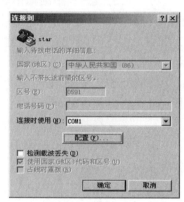

图 6-4　"连接到"对话框

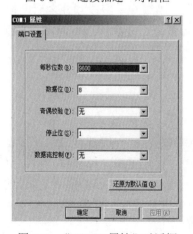

图 6-5　"COM 1 属性"对话框

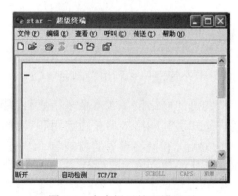

图 6-6　命令提示符配置界面

说明：

（1）配置线（反转线）与网线不同，其线序既不是 T568A，也不是 T568B，而是两头的线序正好相反。

（2）利用配置线（反转线）通过控制台端口对网络设备进行配置，既不占用局域网的带宽，也不占用广域网的带宽，被称为带外管理。

（3）可自行下载并安装第三方工具软件 SecureCRT。在软件界面单击"快速连接"按钮，在打开的如图 6-7 所示的"快速连接"对话框中设置好端口相关参数，单击"连接"按钮，即可进入命令行配置界面，如图 6-8 所示。

图 6-7　"快速连接"对话框

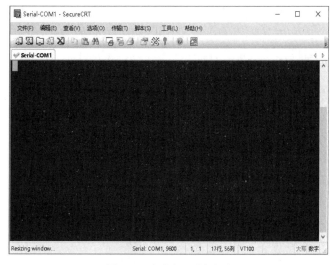

图 6-8　命令行配置界面

2. 带内管理——利用 telnet 命令远程登录配置

用一根直连网线将计算机的网卡接口（RJ-45）和网络设备的 LAN 端口相连，若网络设备的管理 IP 地址为 192.168.1.1，计算机的 IP 地址为 192.168.1.2，在计算机中打开"命令提示符"窗口，在命令行输入命令"telnet 192.168.1.1"并执行，再输入远程登录密码，就可以进入网络设备的各命令配置模式，如图 6-9 所示。

图 6-9　telnet 远程登录

说明：

（1）远程登录的计算机不是连接在网络设备 Console 端口上的计算机，而是接入网络的任意一台计算机，是会占用网络带宽的，因此称为带内管理。

（2）远程登录方式不能用来直接配置新网络设备，新网络设备必须用控制台端口配置网络设备的管理 IP 地址、远程登录密码和特权密码等参数，才可用远程登录方式配置网络设备。

6.1.2　网络设备的命令行操作

1. 命令模式

用户对网络设备的管理方式主要有命令行方式和 Web 网管方式两种。其中，命令行方式需要用户使用网络设备操作系统提供的命令行界面（Command Line Interface，CLI）对设备进行管理与维护，此方式效率更高，能操作的功能更全面，被广泛应用于对网络设备的精细化管理。网络设备操作系统是一种能代替操作系统的软件程序，是网络的心脏和灵魂，是用于网络设备（如路由器、交换机和防火墙）特殊的专用网络操作系统，用来管理网络设备和提供网络服务。常用的网络设备操作系统有华为 VRP（Versatile Routing Platform）和思科 IOS（Internet Operating System）。

华为 VRP 是华为公司自主研发的专用网络操作系统，是华为公司从低端到核心的全系列网络设备的软件核心引擎，它不仅集成了路由交换协议、QOS 技术、安全技术和 IP 语音技术等数据通信功能，并以 IP 转发引擎技术作为基础，为网络设备提供了出色的数据转发能力，而且提供了丰富的网络功能和管理功能，具有高性能、高可靠性、高安全性等特点。VRP 的命令行界面定义了各种命令视图（View），要对特定协议或功能进行配置，就需要进入相应的视图。视图的定义使得命令行的配置更模块化，也更严谨、层次化。因为拥有人性化的网络界面、用户界面和管理界面，为用户提供了灵活且丰富的应用解决方案，所以成为国内企业网络、运营商网络和数据中心等领域首选的操作系统之一。

思科 IOS 是思科公司开发的一种常见的网络操作系统，广泛应用于思科路由器和交换机等网络设备。它不仅提供了丰富的网络管理功能和安全性能，包括数据交换、路由控制、安全性、流量控制和远程管理等，还支持各种网络协议（如 IP、TCP/IP、OSPF、BGP 等）服务，是企业网络中常用的老牌操作系统。思科网络设备的所有命令是按模式分层的，每种模式定义了一组命令，要想使用某个命令，必须进入相应的模式。各种模式可通过命令提示符进行区分。华为、锐捷、思科网络设备的命令模式和配置命令均有所区别，华为网络设备命令模式和配置命令可参考"华为 eNSP 模拟器"的使用，思科网络设备命令模式和配置命令可参考思科模拟器"Cisco Packet Tracer"的使用。

以思科网络设备为例，登录思科网络设备的命令提示符格式为"提示符名 模式"。

（1）提示符名一般是设备的名称，思科的交换机默认的名称为"Switch"，路由器默认的名称为"Router"。

（2）提示符模式表明当前所处的操作模式。例如，">"代表用户模式，是用户最先登录的模式；"#"代表特权模式。

表 6-1 是思科网络设备常见的几种命令模式。

表 6-1　思科网络设备常见的命令模式

模　　式	提　示　符	说　　明
用户模式	Router>	查看系统基本信息和进行基本测试
特权模式	Router#	查看、保存系统信息
全局配置模式	Router（config）#	配置设备的全局参数
接口配置模式	Router（config-if）#	配置设备的各种接口
线路配置模式	Router（config-line）#	配置控制台、远程登录等线路
路由配置模式	Router（config-router）#	配置路由协议
VLAN 配置模式	Switch（config-vlan）#	配置 VLAN 参数

2. 命令模式的切换

网络设备的命令模式有用户模式、特权模式、全局配置模式、其他子配置模式。在进入某模式时，需要逐步进入，命令模式的切换及说明如表 6-2 所示。

表 6-2　命令模式的切换及说明

配　置　模　式	命　令　举　例	说　　明
进入用户模式	Router>_	登录后就进入
进入特权模式	Router>enable Router#	在用户模式中输入 enable 命令
进入全局配置模式	Router#configure terminal Router（config）#	在特权模式中输入 configure terminal 命令
进入接口配置模式	Router（config）#interface fastEthernet 0/1 Router（config-if）#	在全局配置模式中输入 interface 命令，后面可带不同参数
进入线路配置模式	Router（config）#line console 0 Router（config-line）#	在全局配置模式中输入 line 命令，后面可带不同参数
进入路由配置模式	Router（config）#router rip Router（config-router）#	在全局配置模式中输入 router 命令，后面可带不同参数

续表

配 置 模 式	命 令 举 例	说　　明
进入 VLAN 配置模式	Switch（config）#vlan 10 Switch（config-vlan）#	在全局配置模式中输入 vlan 命令，后面可带不同参数
退回到上一个模式	Router（config-if）#exit Router（config）#	使用 exit 命令可退回到上一个模式
退回到特权模式	Router（config-if）#end Router#	输入 end 命令或按【Ctrl+Z】组合键，可从全局配置模式的子配置模式直接退回特权模式
退回到用户模式	Router#disable Router>	从特权模式退回用户模式

3．命令行的编辑技巧

（1）命令不区分大小写。

（2）可以使用简写。

命令的每个单词只需要输入前几个字母。只要输入的前几个字母能够与其他命令区分开即可。例如，configure terminal 命令可简写为 conf t。

（3）用【Tab】键可补全简写的命令。

想把简写的命令补全，可按【Tab】键补全单词。例如，输入 conf（按【Tab】键）和 t（按【Tab】键）即可输出 configure terminal。

（4）可以调出历史命令来简化命令的输入。

用【↑】键（【Ctrl+P】）或【↓】键（【Ctrl+N】）调出历史命令，再按【Enter】键就可执行此命令。

（5）编辑快捷键。

【Ctrl+A】：光标移到行首。【Ctrl+E】：光标移到行尾。【Ctrl+F】：光标移到当前字符后面。

（6）用"？"可帮助输入命令和参数。

在提示符下输入"？"，可查看该提示符下的所有命令；在命令后加"？"，可查看该命令后的所有参数；在参数后再加"？"，可查看该参数后跟的所有参数。以此类推，直至遇到提示"<cr>"，说明命令结束。

4．常见命令行错误提示

（1）% Ambiguous command。
用户没有输入足够的字符，设备无法识别唯一的命令。

（2）% Incomplete command。
命令缺少必需的关键字或参数。

（3）% Invalid input detected at '^' marker。
符号^指明了输入错误命令单词的位置。

5．no 和 default 选项

（1）no 选项的用法是在命令前加 no 前缀，可用来禁止某个功能或删除某项配置。例如，no shutdown、no ip address。

（2）default 选项的用法是在命令前加 default 前缀，用来将设置恢复为默认值。例如，default hostname。

6.1.3 网络设备的基本配置

1. 配置主机名

在默认情况下，思科交换机的主机名通常为"Switch"，思科路由器的主机名通常为"Router"。当网络中存在多个网络设备时，网络管理员为了区分网络中的网络设备，会为其定义一个有意义的名称。可以在全局模式下通过"hostname"命令来实现，其配置命令如下：

```
Router（config）#hostname R1
/设置路由器的主机名为 R1
R1（config）#
```

2. 配置口令

（1）控制台口令：在利用配置线（反转线）通过控制台 console 端口对网络设备进行配置时，为了安全，通常为该端口的登录设置密码口令。配置命令如下：

```
Router（config）#line console 0
/进入 console 控制台端口的第一个线路口
Router（config-line）#password abc123
/设置本地登录密码为 abc123
Router（config-line）#login
```

说明："0"为第一个 line 线路序号。

（2）远程登录口令：通常网络设备支持多个 VTY（虚拟终端）连接。通过网络中的远程终端设备，利用"Telnet　IP 地址"命令可远程登录和管理该网络设备。配置命令如下：

```
Router（config）#line vty 0 4
/对 0～4 共 5 条 VTY 线路进行设置
Router（config-line）#password abc123
/设置远程登录密码为 abc123
Router（config-line）#login
/使密码生效
```

注意：远程登录口令是用 Telnet 登录的必备条件。

（3）特权口令：当网络设备配置的命令提示符为用户模式时，输入该口令才能进入特权模式。

```
Router（config）#enable password abc123
/设置特权模式密码为 abc123
Router（config）#enable secret abc123
/设置特权模式密码为 abc123
```

enable password 和 enable secret 的区别如下。

① enable password 命令配置的口令是以明文方式存储的，在 show running-config 命令中可见。

② enable secret 命令配置的口令是以密文方式存储的，在 show running-config 命令中不可见，呈现乱码。

以上两个口令只需配置一个，如果两个都配置了，则由用户模式进入特权模式，要用 enable secret 定义的口令。由此可见，enable secret 定义的口令优先级高于 enable password 定义的口令优先级。

3．文件的查看、保存与删除

（1）查看当前运行配置。

网络设备当前运行的配置文件暂存于其内部的 RAM（随机存储器）中，名为"running-config"。当网络设备断电或重新启动后，此文件丢失。要查看当前的配置，可以在特权模式下使用"show"命令来实现，配置命令如下：

```
Router#show running-config
```

（2）查看启动配置。

网络设备启动配置文件一般位于其内部的 NVRAM（非易失性随机存储器）中，名为"startup-config"。当设备启动时，它被装入 RAM，成为运行配置文件。要查看启动配置，可以在特权模式下使用"show"命令来实现，配置命令如下：

```
Router#show startup-config
```

（3）保存当前配置。

因为网络设备内部 RAM 中的当前运行配置文件"running-config"在断电或重新启动时会丢失，所以在配置好设备后，应该把 RAM 中当前的配置文件"running-config"保存到 NVRAM（非易失性随机存储器）中，并命名为"startup-config"，这样以后就可以长久地使用了。配置命令如下：

```
Router#copy running-config startup-config
```
或
```
Router#write
```

说明：write 命令与 copy running-config startup-config 命令的功能相同。

（4）删除配置。

配置命令如下：

```
Router#erase startup-config
```

说明：这个命令用于删除已保存在 NVRAM 中的配置信息文件 startup-config，但不包括已更改的设备名信息。

4．端口配置

（1）端口的选择。

网络设备的端口分为 Ethernet（10Mbit/s）、FastEthernet（10/100Mbit/s）、GigabitEthernet（10/100/1000Mbit/s）、Serial 几种类型。在配置时，网络设备端口的类型一定要写正确，一般可以先用"show"命令查看网络设备各端口的类型和端口号。

例如，配置交换机的 GigabitEthernet 第一个模块的第一个端口的命令如下：

```
Switch (config) #interface gigabitethernet 0/1
```

当一次指定多个范围段的物理端口时，可以使用"range"关键字。每个端口范围段之间用","分开，范围段内的连续接口用"-"连接起止编号。

例如，若选择交换机 1、3、11～15 快速以太网端口，则配置命令如下：

```
Switch (config) #interface range fastethernet 0/1, fastethernet 0/3,
fastethernet 0/11-15
```

（2）配置端口通信速率。

默认情况下，交换机的端口速率为 auto（自动协商），此时链路的两端自动协商，选择一个双方都支持的最大速率。

例如，将交换机 fastethernet 0/1 端口的通信速率设置为 100Mbit/s，配置命令如下：

```
Switch (config) #interface gigabitethernet 0/1
Switch (config-if) #speed 100
/设置该端口的通信速率为 100Mbit/s
```

（3）配置端口的单/双工模式。

默认情况下，端口的单/双工模式为 auto（自动协商），也可自行指定为全双工模式（full）或半双工模式（half），但应注意链路的两端端口单/双工模式的匹配，否则会导致响应差、出错高、发生丢包。

例如，配置交换机 fastethernet 0/1 端口为全双工模式，配置命令如下：

```
Switch (config) #interface gigabitethernet 0/1
Switch (config-if) #duplex full
/设置该端口为全双工模式
```

（4）配置端口的 IP 地址和子网掩码。

例如，配置路由器端口 serial 0/1 的 IP 地址为 192.168.1.1/24，配置命令如下：

```
Router（config）#interface serial 0/1
/选择路由器端口 serial 0/1
Router（config-if）#ip address 192.168.1.1 255.255.255.0
/配置路由器端口 serial 0/1 的 IP 地址和子网掩码
```

（5）禁用/启用端口。

交换机的所有端口默认是启用的，其状态为 Up，若禁用了某端口，则该端口不能收发任何帧，其状态也为 Down；而路由器的端口默认是禁用的，其状态为 Down，启用后状态为 Up。在指定的端口配置模式下，配置命令如下：

```
Switch（config-if）#shutdown
/禁用交换机指定端口
Router（config-if）#no shutdown
/启用路由器指定端口
```

（6）查看端口信息。

在特权模式下，通常可以使用"show"命令查看网络设备端口的具体信息。

例如，查看路由器端口 serial 0/1 的信息，配置命令如下：

```
Router#show interface serial 0/1
/查看路由器端口 serial 0/1 的具体信息
```

6.2　虚拟局域网

随着各大机关、学校和企事业单位交换式局域网的大量普及，网络的规模越来越大，从小型的办公网到大型的园区网，网络管理也变得越来越复杂。首先，在采用共享介质的交换式局域网中，所有节点都处于同一个广播域，即一个节点向网络中某些节点的广播会被网络中的其他节点接收，这样大量的广播报文不仅是对带宽资源和主机处理能力的浪费，还会因过量的广播产生"广播风暴"，网络信息安全等问题也变得日益突出。其次，当用户由于某些原因在不同网络中移动时，还要重新进行网络连接和网络布线。解决此问题可以使用虚拟局域网（Virtual Local Area Network，VLAN）技术。

6.2.1　VLAN 概述

VLAN 将局域网物理设备从逻辑上划分为多个网段，每个网段对应一个 VLAN，也就是将原来单个广播域虚拟分割成多个广播域，每个广播域就是一个 VLAN。若没有路由，一个 VLAN 内部的单播帧、广播帧就可以在一个 VLAN 内转发、广播和扩散，而不会直接进入其他的 VLAN 中。也就是说，同一个 VLAN 中的成员共享广播，形成一个广播域，而不同 VLAN 之间的广播信息是相互隔离的，从而有效地控制了流量、减少了设备投资、简化了网络管理、提高了网络之间的安全性。

VLAN 能将网络划分为多个广播域，从而有效地控制了"广播风暴"的发生。同时，网络管理员可借助三层交换机或路由器不同 VLAN 之间的路由功能，来管理和控制企业网和园区网中不同管理部门、不同站点之间的信息互访。因此，VLAN 最大的特点是在组成各个逻辑网时无须考虑用户或设备在网络中的物理位置，使网络的拓扑结构变得非常灵活，可以在单个交换机或跨交换机中实现。

从实现的机制或策略看，VLAN 分为静态 VLAN 和动态 VLAN 两种。静态 VLAN 主要是根据交换机的端口来划分的。动态 VLAN 的划分方法有很多种，常用的有根据 MAC 地址划分 VLAN 和根据网络层协议划分 VLAN。

（1）基于端口的 VLAN 划分。

这种划分是把一个或多个交换机上的几个端口划分为一个逻辑组（VLAN），这是最简单、最常用和最有效的划分 VLAN 的方法。想使用该方法，网络管理员只需对网络设备的交换端口进行重新划分，不用考虑该端口所连接的设备。美中不足的是，基于端口划分 VLAN，当 VLAN 用户位置改变时，往往也需要对网线进行迁移。

（2）基于 MAC 地址的 VLAN 划分。

MAC 地址其实就是网卡的标识符，每一块网卡的 MAC 地址都是唯一且固化在网卡上的。MAC 地址由 12 位十六进制数表示，前 6 位为网卡的厂商标识（OUI），后 6 位为网卡标识（NIC）。这种方法的 VLAN 划分就是根据每个主机的 MAC 地址来划分的，即对每个 MAC 地址的主机进行配置分组来划分 VLAN。因此，这种根据 MAC 地址的划分方法其实就是基于用户的 VLAN，最大优点是当用户物理位置发生移动时，VLAN 不需要重新配置；缺点是初始化时，所有的用户都必须进行配置，如果有几百个甚至上千个用户，配置就很烦琐。

（3）基于网络层协议的 VLAN 划分。

这种划分 VLAN 的方法是根据每个主机的网络层地址或协议类型（如果支持多协议）划分的，目前主要使用 IP 地址。这种方法的优点是即使用户的物理位置改变了，也不需要重新配置所属的 VLAN，而且可以根据协议类型来划分，不需要附加的帧标签来识别，这样可以减少网络的通信量。这种方法的缺点是效率低，因为检查每一个数据包的网络层地址是需要消耗处理时间的（相对于前面两种方法）。

6.2.2 基于端口的 VLAN 划分方法

1. 创建 VLAN

配置命令如下：

```
Switch（config）#vlan 编号
/创建一个 VLAN
Switch（config-vlan）#name 名称
/给 VLAN 取一个名称
```

说明：

（1）VLAN 编号是对每个 VLAN 的整数标识，取值范围一般为 1～4094。交换机首次启动时，其所有物理接口都属于默认已定义的 VLAN 1。

（2）name 命令是给 VLAN 取一个名称，若没取名称，则交换机会自动命名为 vlan×
××××，其中×××× 是以 0 开头的 4 位 VLAN 编号。例如，"vlan 0003"就是 VLAN 3
的默认名称。

2．向 VLAN 中添加网络接口

配置命令如下：

```
Switch (config) #interface  端口号
/选择单个物理端口
Switch (config-if) #switchport access vlan 编号
/把选择的单个物理端口分配给已创建的 VLAN
Switch (config) #interface range  端口号范围段
/选择多个范围段的物理端口
Switch (config-if-range) #switchport access vlan 编号
/把多个范围段的物理端口分配给已创建的 VLAN
```

3．删除 VLAN

配置命令如下：

```
Switch (config) #no vlan 编号
/删除指定编号的 VLAN
```

说明：VLAN 1 默认存在且不能被删除。

4．查看 VLAN

配置命令如下：

```
Switch#show vlan
/查看创建的 VLAN 名称、状态及各 VLAN 分配的端口
```

配置实例：如图 6-10 所示，在交换机 Switch 中，划分一个 VLAN 2，命名为 caiwu，
并把其接口 FastEthernet0/11（Fa0/11）、FastEthernet0/12（Fa0/12）加入这个 VLAN 2。

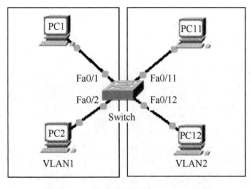

图 6-10　单交换机的 VLAN 划分

提示：

```
Switch (config) #vlan 2
/创建 VLAN 2
Switch (config-vlan) #name caiwu
/给 VLAN 2 取名为 "caiwu"
Switch (config) #interface range fa 0/11—12
/选择要分配的端口
Switch (config-if-range) #switchport access vlan 2
/把选择的端口分配到创建的 VLAN 2 中
Switch#show vlan
/查看交换机创建的 VLAN 及其分配的端口
```

说明：交换机 Switch 在未配置之前，所有端口都默认在 VLAN 1 中，即 PC1、PC2、PC11、PC12 处于同一个广播域，可以互访。对交换机 Switch 进行上述配置后，其创建的 VLAN 2 中所分配的接口（如 Fa0/11 和 Fa0/12）连接的终端设备（如 PC11 和 PC12）与其默认 VLAN 1 中所分配的接口（如 Fa0/1 和 Fa0/2）连接的终端设备（如 PC1 和 PC2）就不能互访了，从而缩小了原来的广播域（VLAN 1 的范围变小），起到了隔离网络的目的。

6.2.3 交换机接口的类型

交换机的接口类型一般可分为两大类：二层接口和三层接口。具体如表 6-3 所示。

表 6-3 交换机接口的类型

接口类型	分　类	描　　述	
二层接口	交换接口（Switch Port）	Access　Port（接入接口）	交换机默认接口类型,可实现二层交换功能,只能转发来自同一个 VLAN 的帧,不能配置 IP 地址,没有路由功能
		Trunk　Port（干道接口）	实现二层交换功能,可以转发来自多个 VLAN 的帧
	端口聚合（EtherChannel）	由多个二层低速物理交换接口组成,如同一个高速传输通道的接口	
三层接口	路由接口（Routed Port）	由单个物理接口组成,可配置一个 IP 地址,每个路由接口可用于连接一个子网,路由接口的 IP 地址就是该子网的网关。若一台交换机配置了多个三层接口,则各三层接口的 IP 地址对应各个不同的网络	
	交换虚拟接口（SVI）	由多个物理接入接口组成,但在逻辑上可把它理解为一个三层（网络层）SVI 接口,并且每个 SVI 接口用于连接一个 VLAN,SVI 接口的 IP 地址就是该 VLAN 的网关	

6.2.4 跨交换机 VLAN Trunk 的配置

VLAN Trunk（虚拟局域网中继技术）的作用是让连接在不同交换机上的相同 VLAN 中

的主机互通。例如，交换机 Switch 1 的 VLAN 1 中的机器要访问交换机 Switch 2 的 VLAN 1 中的机器，可以分别把两台交换机的级联端口由默认的 Access 端口设置为 Trunk 端口，这样当交换机把数据包从级联口发出去时，会在数据包中做一个 VLAN 标签（TAG），以使其他交换机能识别该数据包属于哪一个 VLAN，其他交换机收到这样一个数据包后，会将该数据包转发到标签中指定的 VLAN，从而完成跨交换机相同 VLAN 内部数据的传输。因此，跨交换机相同 VLAN 中的主机相互通信，交换机与交换机之间的连接接口一般设置为 Trunk 模式（干道模式）。干道就是指两台交换机端口之间的一条点对点连接链路，可以承载多个 VLAN 信息，即 Trunk 端口上可以传送来自不同 VLAN 中发出的数据帧，该端口属于多个 VLAN。

配置实例：如图 6-11 所示，某公司有两层楼，其中一楼的交换机 Switch 1 的 FastEthernet0/24（Fa0/24）和二楼的交换机 Switch 2 的 FastEthernet0/24（Fa0/24）级联，在 Switch 1 和 Switch 2 中分别划分了 VLAN 2。为了让一楼和二楼相同的 VLAN 的主机可以互访，需要分别配置这两个级联口为 Trunk 端口。

提示：

```
Switch1（config）#interface fastEthernet 0/24
/选择交换机端口
Switch1（config-if）#switchport mode access
/配置交换机端口模式为默认 Access 模式
Switch1（config-if）#switchport mode trunk
/配置交换机端口模式为 Trunk 模式
```

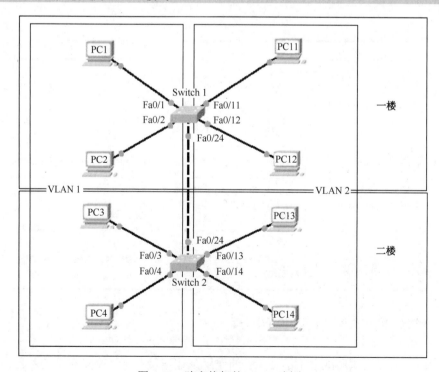

图 6-11　跨交换机的 VLAN 划分

同理，Switch 2 的 Trunk 端口配置步骤与 Switch 1 一样。

说明： 两个交换机的端口 FastEthernet0/24 未配置前默认工作模式都为 Access，都属于 VLAN 1，并且只能传输默认 VLAN 1 中的数据，即两个楼层相同 VLAN 1 中的主机是可以互访的，也就是 PC1、PC2、PC3、PC4 同处于一个广播域，是可以互访的。然而，PC11、PC12 和 PC13、PC14 是不可以互访的，因为这几台计算机连接的端口默认工作模式都为 Access，并且都属于 VLAN 2，而只有配置了这两个级联口工作模式都为 Trunk，才能在此链路上传输 VLAN 2 中的数据，即两个楼层相同 VLAN 2 中的主机才能互访，也就是 PC11、PC12、PC13、PC14 同处于一个广播域，才可以互访。因此，在默认情况下，交换机的 Trunk 链路是允许所有 VLAN 使用的。

6.2.5 不同 VLAN 间的通信

交换机虚拟接口（Switch Virtual Interface，SVI）表示一个由交换端口构成的 VLAN，也就是一个 SVI 接口对应一个 VLAN。实现不同 VLAN 之间的通信，需要借助三层交换机不同的 SVI 接口 IP 地址路由通信功能。要为 VLAN 配置相应的 SVI 接口，其实 SVI 就是通常所说的 VLAN 接口，只不过它是虚拟的，用于连接整个 VLAN，所以也把这种接口称为逻辑三层接口。在全局配置模式下，输入 "interface vlan 编号" 命令来创建具体 VLAN 的 SVI 接口，指定相应的 IP 地址，就可以通过三层设备的路由功能对数据进行路由转发，实现 VLAN 间的通信。

1. SVI 接口的创建

配置命令如下：

```
Switch（config）#interface vlan 编号
/进入 VLAN 的 SVI 接口配置模式
Switch（config-if）#ip address IP 地址 子网掩码
/给 VLAN 的 SVI 接口设置 IP 地址和子网掩码
Switch（config-if）#no shutdown
/启用 VLAN 的 SVI 接口
```

2. 启用三层 IP 路由功能

配置命令如下：

```
Switch（config）#ip routing
/启用三层 IP 路由功能
```

说明： 思科交换机一般默认未启用三层 IP 路由功能，要启用此功能，需输入上述命令。

3. 查看三层交换机的路由

配置命令如下：

```
Switch#show ip route
/查看三层交换机的路由表信息
```

说明：检查配置的网络是否已经出现在路由表中。

配置实例：如图 6-12 所示，在三层交换机 S3560 中划分 VLAN 10 和 VLAN 20，其中 VLAN 10 的 SVI 接口 IP 地址为 192.168.10.1/24，包含 FastEthernet0/1（Fa0/1）和 FastEthernet0/2（Fa0/2）两个接口；VLAN 20 的 SVI 接口 IP 地址为 192.168.20.1/24，包含 FastEthernet0/11（Fa0/11）和 FastEthernet0/12（Fa0/12）两个接口。利用交换机的三层功能使 VLAN 10 和 VLAN 20 中的主机能够互访。

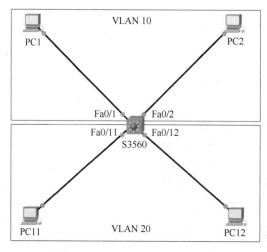

图 6-12　不同 VLAN 间的通信

提示：

```
S3560（config）#interface vlan 10
/进入 VLAN 10 的 SVI 接口配置模式
S3560（config-if）#ip address 192.168.10.1 255.255.255.0
/配置 VLAN 10 的 SVI 接口的 IP 地址和子网掩码
S3560（config）#interface vlan 20
/进入 VLAN 20 的 SVI 接口配置模式
S3560（config-if）#ip address 192.168.20.1 255.255.255.0
/配置 VLAN 20 的 SVI 接口的 IP 地址和子网掩码
S3560（config）#ip routing
/启用三层路由功能
S3560#show ip route
/查看路由表
```

说明：在本例中，三层交换机 S3560 中已划分了 VLAN 10 和 VLAN 20，即 PC1、PC2 同属于一个广播域 VLAN 10，PC11、PC12 同属于一个广播域 VLAN 20，那么 PC1、PC2 和 PC11、PC12 是不可以互访的。为了实现 VLAN 10 和 VLAN 20 中的主机能够互访，就必须借助三层交换机的路由功能。先在三层交换机中分别配置 VLAN 10 和 VLAN 20 三层 SVI 接口的 IP 地址，也就是 VLAN 10 中 PC1、PC2 和 VLAN 20 中 PC11、PC12 的网关。然后用 "ip routing" 命令开启三层交换机 IP 路由功能，随即可用 "show ip route" 命令查看路由表。最后可看到三层交换机的路由表中增添了两个路由表项，即 VLAN 10 的 SVI 接口的网络地址段 192.168.10.1/24 和 VLAN 20 的 SVI 接口的网络地址段 192.168.20.1/24，这就说明 VLAN 10 和 VLAN 20 中的主机能够互访了。

6.3 端口聚合

随着互联网的不断发展和壮大，运营商通过提高各自传输网络的综合承载能力来满足更多用户对众多数据业务的传输需求；广大用户也增加了对优良网络服务质量的需求，高可用性已经成为当今网络的主要特点。在众多提高网络可用性的解决方案中，端口聚合技术以增加网络带宽、实现链路负载分担、提高网络可靠性（提供了传输线路内部的冗余机制）等优点，对数据业务有很好的支持和完善，近年来引起了极大的关注并迅速发展。

6.3.1 端口聚合概述

端口聚合（也称为链路聚合）是将交换机的多个同属性（如端口的传输介质类型、双工模式、速率、所属 VLAN 等属性一致）、低带宽的交换端口捆绑成一条高带宽的复合主干链路，实现主干链路均衡负载，避免单条链路出现拥塞现象。端口聚合如同超市设置多个收银台以防止收银台过少而出现消费者排队等候时间过长的现象。一般来说，两个普通交换机连接的最大带宽取决于媒介的连接速度（100Base-TX 双绞线为 200Mbit/s），而 Trunk 技术可以将 4 个 200Mbit/s 的端口捆绑后成为一个高达 800Mbit/s 的连接。这个技术的优点是以较低的成本通过捆绑多端口提高带宽，而其增加的开销只是连接用的普通五类网线和多占用的端口，可以有效地提高子网的上行速度，从而消除网络访问中的瓶颈。另外，如果使用多个端口组成的多条链路，其中的一条链路出现故障，网络传输的数据流就可以动态地快速转向其他工作正常的端口组成的链路而进行传输，对数据起到了冗余备份的作用，同时提高了网络的安全性和可靠性。因此，端口聚合技术可将多物理连接当作一个单一的逻辑连接来处理，允许两个交换机之间通过多个端口并行连接，就如同一条高带宽的链路来传输数据，提供了更高的带宽、更大的吞吐量，增加了冗余、可恢复性。

6.3.2 端口聚合的配置

配置实例：如图 6-13 所示，分别连接思科交换机 Switch 1 的 Fa0/23 和思科交换机 Switch 2 的 Fa0/23、交换机 Switch 1 的 Fa0/24 和交换机 Switch 2 的 Fa0/24。为了提高两个交换机端口连接的带宽，需要分别把交换机 Switch 1 的 Fa0/23、Fa0/24 和 Switch 2 的 Fa0/23、Fa0/24 定义为聚合端口。

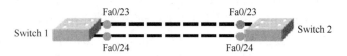

图 6-13　端口聚合的配置

提示：

```
Switch1（config）#interface range fa 0/23－24
/选择交换机要聚合的端口 Fa0/23 和 Fa0/24
Switch1（config-if-range）# channel-group 1 mode on
/把选择的以太网端口 Fa0/23、Fa0/24 加入创建的端口聚合组 1，并启动链路聚合功能
Switch1（config-if-range）#exit
Switch1（config）# interface port-channel 1
/进入端口聚合组 1
Switch1(config-if)#switchport mode trunk
/配置模式为 Trunk
Switch1(config-if)#end
/退回特权模式
Switch1#show etherchannel summary
/查看验证端口聚合信息
```

说明：Switch 2 的配置步骤与 Switch 1 的配置步骤相同。

注意：

（1）应选择交换机偶数数目的端口（如 2 个、4 个、6 个）进行聚合。

（2）选择的端口必须是连续的。

（3）端口聚合组一般应设置为 Trunk 模式。

6.4　路由技术

随着网络规模的不断扩大，路由技术在连接不同网络和实现信息交换方面的应用逐渐被人们所熟知。

路由是指路由器从一个接口上收到数据包，根据数据包的目的地址进行定向并转发到另一个接口的过程。当路由器的某一个接口收到一个数据包时，会查看包中的目标网络地址，以判断该包的目的地址在当前的路由表中是否存在（路由器是否知道到达目标网络的路径）。如果发现该包的目的地址与本路由器的某个接口所连接的网络地址相同，那么数据马上被转发到相应接口；如果发现该包的目的地址不是自己的直连网段，路由器就会查看自己的路由表，查找包的目标网络所对应的接口，并从相应的接口转发出去；如果路由表中记录的网络地址与包的目的地址不匹配，那么根据路由器配置转发到默认接口，在没有配置默认接口的情况下会给用户返回目的地址不可达的 ICMP 信息并将数据包丢弃。也就是说，路由器查看了数据包的目的地址后，确定是否知道如何转发该包，如果路由器不知道如何转发，通常就将之丢弃。如果路由器知道如何转发，就把目的物理地址变成下一跳的物理地址并向其发送。下一跳可能就是最终的目的主机，如果不是，通常为另一个路由器，它将执行同样的步骤。因此，根据 IP 地址的网络部分确定数据包的目标网络，并通过 IP 地址的主机部分和设备的 MAC 地址确定到目标节点的连接端口，通过这个网络寻址功能使路由器能够在网络中确定一条最佳的路径，并将数据包从源网络发送至目标网络。

一般来说，根据路由器对路由信息的学习，以及生成并维护路由表的方法，可将路由分为直连路由和非直连路由。

直连路由是由链路层协议配置的，一般指去往路由器的接口地址所在网络的路径，该路径信息不需要网络管理员维护，也不需要路由器通过某种算法计算获得，只要该接口处于活动状态，路由器就会自动把通向该网络的路由信息填写到路由表中。因此，路由器能够自动识别路由直连的网络，不需要网络管理员使用命令在路由器上手工配置。

非直连路由是指路由器不能够自动识别的非直连网络，而是通过网络管理员使用命令在路由器上手工配置路由协议，从其他路由器的路由表中学习非直连网络的路由。

6.4.1　静态路由和默认路由

1. 静态路由的概念

静态路由是由网络规划者根据网络拓扑，使用命令在路由器上手工配置的非直连路由信息。这些静态路由信息指导报文发送，静态路由方式也不需要路由器进行计算，不占用路由器的带宽，完全依赖网络规划者的配置。当网络规模较大或网络拓扑经常发生改变时，因为静态路由不能对网络的改变做出及时反应，所以一般用于网络规模不大、拓扑结构固定的网络中。在所有的路由中，静态路由优先级最高。当动态路由与静态路由发生冲突时，以静态路由为准。因此，静态路由的最大优点就是简单、高效、可靠。

2. 静态路由的配置

配置命令如下：

```
Router（config）#ip route 目的网络 子网掩码 出口端口号{下一跳一级端口的 IP 地址}
/手工定义传输路径，即静态路由
```

说明：

（1）删除已配置的静态路由信息，只需在原有配置命令前加 "no"。

（2）配置完成后，可以使用 show ip route 命令查看路由表。

3. 默认路由的配置

配置命令如下：

```
Router（config）#ip route 0.0.0.0 0.0.0.0 出口端口号{下一跳一级端口的 IP 地址 }
```

说明：

（1）默认路由又被称为默认静态路由，是静态路由的特例，表示把所有本机不能处理的数据报发往指定的设备。

（2）0.0.0.0 0.0.0.0 表示所有任意目的地址，ip-address 是到达目的地址本机出口的下一跳接口地址。

（3）默认路由的优先级是最低的，设备先匹配其他的路由，只有当所有路由条目中没有相匹配的网络地址时，才按照默认路由所指向的网关发送。

（4）在自治系统接入互联网的边界路由器上通常要配置一条默认路由，使所有发往互联网的数据都从这个路由器的网络接口发送出去。

配置实例：如图 6-14 所示，分别配置 R1 和 R2 静态路由，使 PC1 与 PC2 能够互通。

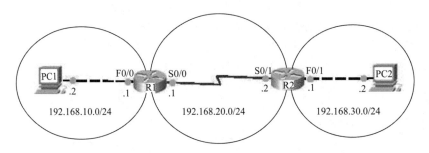

图 6-14　静态路由实例

提示：

```
R1（config）#ip route 192.168.30.0 255.255.255.0 192.168.20.2
```
或
```
R1（config）#ip route 192.168.30.0 255.255.255.0 serial 0/0
R2（config）#ip route 192.168.10.0 255.255.255.0 192.168.20.1
```
或
```
R2（config）#ip route 192.168.30.0 255.255.255.0 serial 0/1
```

说明：在本例中，R1 通过 F0/0 和 S0/0 两个端口直连的网络为 192.168.10.0/24 和 192.168.20.0/24，随即自动在 R1 路由表中生成两个路由表项，这两个直连网络不需要手工配置指定，而非直连网络 192.168.30.0/24 需在 R1 中手工配置此目标网络的静态路由信息，之后用"show ip route"命令查看路由表，可看到 R1 路由表中又增添了一个路由表项，即非直连网络 192.168.30.0/24。同理，R2 通过 F0/1 和 S0/1 两个端口直连的网络为 192.168.30.0/24 和 192.168.20.0/24，随即自动在 R2 路由表中生成两个路由表项，这两个直连网络不需要手工配置指定，而非直连网络 192.168.10.0/24 需在 R1 中手工配置此目标网络的静态路由信息，之后用"show ip route"命令查看路由表，可看到 R2 路由表中又增添了一个路由表项，即非直连网络 192.168.10.0/24。最后，设置 PC1、PC2 的网关，PC1 和 PC2 就可以互访了。

注意：设置 PC1 的网关为 R1 端口 F0/0 的 IP 地址 192.168.10.1，设置 PC2 的网关为 R2 端口 F0/1 的 IP 地址 192.168.30.1。

6.4.2　动态路由协议

动态路由是网络中的路由器之间根据实时网络拓扑变化，相互通信传递路由信息，利用收到的路由信息通过路由选择协议进行计算，更新路由表的过程。因此，动态路由减少了许多管理任务。根据是否在一个自治域（指一个具有统一管理机构、统一路由策略的网络）内部使用，动态路由协议可分为内部网关协议（IGP）和外部网关协议（EGP）。自治域内部采用的路由选择协议叫作内部网关协议，常用的有路由信息协议（Routing Information Protocol，RIP）、开放式最短路径优先（Open Shortest Path First，OSPF）协议。外部网关协议主要用于多个自治域之间的路由选择，常用的是 BGP 和 BGP-4。其中，内部网关协议又分为距离矢量路由协议和链路状态路由协议（如 OSPF 协议）。

距离矢量路由协议计算网络中所有链路的矢量和距离并以此为依据确认最佳路径。使用距离矢量路由协议的路由器会定期向其相邻的路由器发送全部或部分路由表，如 RIP。

链路状态路由协议使用为每个路由器创建的拓扑数据库来创建路由表，每个路由器通过此数据库建立一个整个网络的拓扑图，在拓扑图的基础上通过相应的路由算法计算出通往各目标网络的最佳路径，并最终形成路由表。

6.4.3　RIP

1．RIP 的概念

RIP 是应用较早、使用较普遍的内部网关协议，是典型的距离矢量路由选择协议。网络中每台路由器启动后，会把自己直连的网络写到路由表中，同时每隔 30s 会将自己生成的路由表广播或组播给相邻路由器，并监听相邻路由器发来的路由表，经过层层交换、学习，每个路由器最终会学习所有网络的信息，并根据距离矢量算法得到一条到达每个目标网络的最佳路径。RIP 采用距离矢量算法，即路由器根据它跳过的路由器的最少数目（距离最短）来作为度量标准确定到达目的地的最佳路由。RIP 允许一条路径最大跳数是 15，因此，距离为 16 时即不可到达。由此可见，RIP 的缺点是：一方面，周期性地发布路由表，带来不必要的流量；另一方面，路由器不清楚整个网络的拓扑结构，只知道和自己直连的网络情况，对网络变化收敛速度慢，并且存在路由环路的问题，不适用于大型的复杂网络。

2．RIP 的配置

配置实例：如图 6-15 所示，分别配置 R1 和 R2 的 RIP，使 PC1 与 PC2 能够互通。

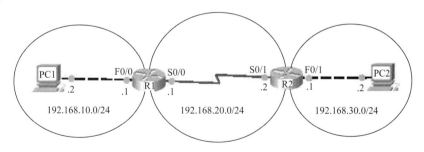

图 6-15　RIP 配置实例

提示：

```
R1 (config)#router rip
/启用 R1 的 RIP，并进入 RIP 路由配置模式
R1 (config-router)#network 192.168.10.0
/指定 R1 中直接参与 RIP 的网络地址
R1 (config-router)#network 192.168.20.0
/指定 R1 中直接参与 RIP 的网络地址
R2 (config)#router rip
/启用 R2 的 RIP，并进入 RIP 配置模式
R2 (config-router)#network 192.168.20.0
/指定 R2 中直接参与 RIP 的网络地址
R2 (config-router)#network 192.168.30.0
/指定 R2 中直接参与 RIP 的网络地址
```

说明：R1 启用 RIP 后就会把两个端口直连的目标网络地址 192.168.10.0/24 和 192.168.20.0/24 存到自己的路由表中，并且跳数都为 0（度量值都为 0）；R2 启用 RIP 后也会把两个端口直连的目标网络地址 192.168.20.0/24 和 192.168.30.0/24 存到自己的路由表中，并且跳数都为 0（度量值都为 0）。按照 RIP，每隔 30s，R1 和 R2 就开始相互学习路由表，路由表中没有的目标网络地址就会自动保存到各自的路由表中。因此，在 R1 的路由表中很快增加了 192.168.30.0/24 的目标网络地址，跳数为 1（度量值为 1）；同样，R2 的路由表中也很快增加了 192.168.10.0/24 的目标网络地址，跳数也为 1（度量值为 1）。由此可见，运行 RIP 的路由器就是依靠和邻居之间周期性地交换路由表，从而一步步学习远端路由的。

6.4.4　OSPF 协议

1. OSPF 协议的概念

OSPF 是一种链路状态的路由协议，需要每个路由器向其同一个管理域的所有其他路由器发送链路状态广播信息。在 OSPF 的链路状态广播中包括所有接口信息、所有的量度和其他一些变量。利用 OSPF 的路由器先收集有关链路状态的信息，然后根据一定的算法计算到每个节点的最短路径。

与 RIP 不同，OSPF 将一个自治域划分为区，相应地，有两种类型的路由选择方式：当源地址和目的地在同一个区时，采用区内路由选择；当源地址和目的地在不同区时，采用区间路由选择。这就大大减少了网络开销，并增加了网络的稳定性。当一个区内的路由器出现故障时，并不影响自治域内其他区路由器的正常工作，这也给网络的管理、维护带来了方便。由此可见，OSPF 协议是用链路状态来评估路由的，可用于规模较大的网络。

2. OSPF 协议的配置

配置实例：如图 6-16 所示，分别配置 R1 和 R2 的 OSPF 协议，使 PC1 与 PC2 能够互通。

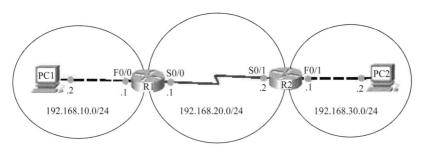

图 6-16　OSPF 协议配置实例

提示:

```
R1(config)#router ospf 1
/启用 OSPF 协议,"1" 为进程号
/进程号的取值范围是 1～65535,用于在一台路由器上区分不同的 OSPF 进程
R1(config-router)#network 192.168.10.0 0.0.0.255 area 0
/在区域内指定直接参与该路由器 OSPF 路由的网络地址及其通配符掩码
R1(config-router)#network 192.168.20.0 0.0.0.255 area 0
R2(config)#router ospf 1
/启用 OSPF 协议,"1" 为进程号
R2(config-router)#network 192.168.20.0 0.0.0.255 area 0
/在区域内指定直接参与该路由器 OSPF 路由的网络地址及其通配符掩码
R2(config-router)#network 192.168.30.0 0.0.0.255 area 0
```

说明:在本例中,R1 通过 F0/0 和 S0/0 两个端口直连的网络为 192.168.10.0/24 和 192.168.20.0/24,随即自动在 R1 路由表中生成两个路由表项;R2 通过 F0/1 和 S0/1 两个端口直连的网络为 192.168.30.0/24 和 192.168.20.0/24,随即自动在 R2 路由表中生成两个路由表项。在骨干网区域(area 0)内,R1、R2 启用动态 OSPF 协议,之后用 "show ip route" 命令查看路由表,随即看到 R1 路由表中增加了 R2 路由表中的 192.168.30.0/24 路由表项,而 R2 路由表中增加了 R1 路由表中的 192.168.10.0/24 路由表项,设置 PC1、PC2 的网关后,PC1 和 PC2 就可以互访了。

注意:设置 PC1 的网关为 R1 端口 F0/0 的 IP 地址 192.168.10.1,设置 PC2 的网关为 R2 端口 F0/1 的 IP 地址 192.168.30.1。

6.5　网络信息安全

随着计算机技术的飞速发展,信息网络已经成为社会发展的重要保证。信息网络涉及政治、军事、文教等诸多领域,存储、传输和处理的信息包括宏观调控决策、商业经济信息、银行资金转账、股票证券、能源资源数据、科研数据等。其中有很多是敏感信息,甚至国家机密,难免会吸引来自世界各地的各种人为攻击(如设备入侵、信息泄露、信息窃取、病毒传播等），网络信息安全面临更大挑战，掌握一些常用的网络设备安全防护技术如加强交换机端口安全、配置访问控制列表、在防火墙中实现包过滤及入侵检测，甚至设置防毒功能等就变得尤为重要。

6.5.1 交换机端口安全

1．端口安全概述

端口安全是一种基于 MAC 地址的安全机制。这种机制通过检测数据帧中的源 MAC 地址来控制非授权设备对网络的访问，通过检测数据帧中的目的 MAC 地址来控制对非授权设备的访问。在网络设备启动了端口安全功能后，若发现非法报文，系统就会触发相应特性，通过预先配置的行为方式自动进行违规处理，以减少用户的维护工作量，提高了系统的安全性和可管理性。端口安全的主要功能是通过定义各种端口安全模式，让设备学习合法的源 MAC 地址，来达到相应网络管理效果的。它主要有下面两个功能。

（1）允许特定 MAC 地址的网络设备接入网络，从而防止用户将非法或未授权的设备接入网络。

（2）限制端口接入的设备数量，防止用户将过多的设备接入网络。

2．端口安全的配置

交换机作为网络的接入设备，通过在交换机某个端口上限制接入设备的 MAC 地址或 IP 地址，来控制对该端口的接入访问功能，从而进行对接入网络用户的区分。为了增强网络的安全性，还可以将 MAC 地址和具体的端口 IP 地址绑定起来作为安全地址，来限制接入用户的混乱连接。交换机端口配置了安全功能后，即配置了安全地址，如果该端口收到的源地址不是安全地址的数据，即发现主机的 MAC 地址与交换机上端口指定的 MAC 地址不同，交换机相应的端口就不转发该数据包，并生成一个安全违例，让用户选择多种方式来处理该安全违例，如丢弃接收的数据包、发送安全违例通知或关闭相应端口。

交换机的端口安全还表现在可以限制具体端口通过 MAC 地址的数量，以防止利用交换机端口的广播功能，私自连接设备扩展网络，造成网络流量过大。如果交换机的端口上接收的安全地址数量超过了该端口允许的最大数量，那么该端口不转发该数据包，并生成一个安全违例，让用户选择多种方式来处理该安全违例，如丢弃接收的数据包、发送安全违例通知或关闭相应端口。

交换机端口安全配置思路大概分为三步：一是配置端口的安全策略；二是指定授权访问的设备的 MAC 地址；三是配置端口安全违例后的处理。

（1）MAC 地址与端口的绑定。

配置命令如下：

```
Switch（config）#interface 端口号
/指定交换机某个端口
Switch（config-if）#switchport mode access
```

```
/指定此端口为 Access 模式后，才能启用端口安全功能
Switch（config-if）#switchport port-security
/启用端口安全功能
Switch（config-if）#switchport port-security mac-address MAC 地址
/为此端口配置 MAC 地址
```

（2）通过 MAC 地址来限制端口流量。

配置命令如下：

```
Switch（config）#interface 端口号
/指定交换机某个端口
Switch（config-if）#switchport trunk encapsulation dot1q
/指定三层交换机端口为 Trunk 模式前，需封装协议为 dot1q 或配置端口为 Access 模式
/dot1q 是 802.1q 标准，是 VLAN 的一种封装方式，各类交换机和路由器使用 VLAN 通用协议模式
Switch（config-if）#switchport mode trunk
/配置端口模式为 Trunk
Switch（config-if）#switchport port-security
/启用端口安全功能
Switch（config-if）#switchport port-security maximum 数值
/允许此 Trunk 端口通过的最大 MAC 地址数
```

（3）端口的三种违例处理方式。

配置命令如下：

```
Switch（config-if）#switchport port-security violation{protect|restrict
|shutdown}
/指定端口违例处理的三种方式
```

说明： 交换机端口的三种违例处理方式，即基于上述情况（1）和（2）违规发生后的动作。

① protect——保护方式，直接丢弃违例主机的数据包，不发出警告。

② restrict——限制方式，不转发主机的数据包，向网络管理主机发出通知。

③ shutdown——禁用端口方式，当违例产生时，马上关闭端口并发出一个通知。

6.5.2　访问控制列表

信息点之间通信和内外网络的通信都是企业网络中必不可少的业务需求，为了保证内网的安全，通常需要在网络设备上实施一些安全策略来保障非授权用户只能访问特定的网络资源，从而达到对访问进行控制的目的。访问控制是网络安全防范和保护的主要策略，也是保证网络安全最重要的核心策略之一。访问控制涉及的技术也比较广泛，包括入网访问控制、网络权限控制、目录级控制及属性控制等。它的主要功能是，一方面保护网络资源不被非法使用和访问，另一方面限制特定用户访问网络的权限。

1．ACL 概述

访问控制列表（Access Control List，ACL）是由 permit 或 deny 语句组成的系统的、有顺序的规则列表，这些规则根据数据包的源地址、目标地址、端口号等来描述，ACL 通过这些规则对数据包进行分类，并将规则应用到路由器的某个接口上，这样路由器就可以根据这些规则来判断哪些数据包可以接收，哪些数据包需要拒绝，从而实现网络的安全性。

当然，路由器上默认是没有 ACL 的，也就是说，在默认情况下允许任何数据包通过路由器。就如同一个单位没有保安，任何人出入单位都不会受到限制，这样就会有一定的安全隐患。因此，可以在单位门口设置一名保安，这名保安会检查进入单位的人是否是本单位的。若是本单位的人进入，就直接通过；若不是，就要盘问一番，确定是否拒绝进入。同理，也可以在路由器的某个接口上定义一个列表，检查通过该接口上的每一个数据包，符合某个条件的通过，或者符合某个条件的不允许通过，从而实现对数据包过滤的目的。因此，作为外网进入企业内网的第一道关卡，路由器上的访问控制列表不但可以对网络流量、流向起到控制的作用，而且在很大程度上成为保护内网安全的有效手段，也是保证整个网络安全最重要的核心安全策略之一。

ACL 安全控制技术根据其控制网络范围的精细程度不同，主要分为标准 IP ACL（Standard IP ACL）和扩展 IP ACL（Extended IP ACL）两种类型。ACL 安全控制主要执行两个操作：允许（Permit）和拒绝（Deny）。在路由器中主要是在端口的输入（In）和输出（Out）两个方向上的应用。

2．定义 IP ACL

（1）标准 IP ACL。

当需要阻止来自某个网络的所有数据流，或者允许来自某个特定网络的所有数据流时，可以在路由器中配置标准 IP ACL 来实现这个目标。配置标准 IP ACL 的路由器，会检查收到的数据包的源地址是否匹配标准 IP ACL 语句，从而执行允许或拒绝此网络地址的所有数据流通过路由器的端口。

配置命令如下：

```
Router（config）#access-list 列表号 {permit|deny}[定义过滤源主机范围]
```

说明：

① 标准 IP ACL 列表号取值范围为 1～99。

② 关键字 permit 表示允许从该端口通过流量，deny 表示拒绝从该端口通过流量。

③ 过滤源主机范围可以是源主机的 IP 地址（"host ip 地址"），也可以是源网络地址（源网络地址通配符掩码）。

④ 若过滤源主机范围为"0.0.0.0 255.255.255.255"，则可以用关键字"any"来代替。

⑤ 若过滤源主机范围为"IP 地址 0.0.0.0"，则可以用关键字"host ip 地址"来代替。

（2）扩展 IP ACL。

配置扩展 IP ACL 的路由器既检查数据包的源地址信息，又检查数据包的目的地址信息，还检查数据包中特定的协议类型、端口号、时间段等信息。因此，扩展 IP ACL 比标准 IP ACL 有更多的匹配项，更具有灵活性和可扩充性，在安全控制功能上也更加精细和具体。

配置命令如下：

> Router（config）#access-list 列表号 {permit|deny} [协议] [定义过滤源主机范围] [定义过滤源端口] [定义过滤目的主机范围] [定义过滤目的端口]

说明：

① 扩展 IP ACL 列表号取值范围为 100～199。

② 关键字 permit 表示允许从该端口通过流量，deny 表示拒绝从该端口通过流量。

③ 协议定义了需要被过滤的协议，如 IP、TCP。

④ 过滤源主机范围可以是源主机的 IP 地址（"host ip 地址"），也可以是源网络地址（源网络地址通配符掩码）。

⑤ 在 ACL 中规定通配符掩码用反向掩码来表示子网掩码。

⑥ 若过滤源主机范围为 "0.0.0.0 255.255.255.255"，则可以用关键字 "any" 来代替。

⑦ 若过滤源主机范围为 "IP 地址 0.0.0.0"，则可以用关键字 "host ip 地址" 来代替。

⑧ 过滤目的主机范围的结构与过滤源主机范围的结构相同。

⑨ 定义过滤源/目的端口可以使用数字或可识别的助记符表示各种条件。

3．IP ACL 应用到端口上

为路由器指定一个端口，并将配置好的标准 IP ACL 或扩展 IP ACL 应用到该端口上，使其对输入或输出端口的数据流进行安全接入控制。

配置命令如下：

> Router（config）#interface 端口号
> Router（config-if）#ip access-group 列表号 {in|out}

说明：

① interface 命令用于指定 IP ACL 应用的端口。

② "端口号" 是端口名称，一般表示方法为 "端口类型插槽号/接口号"。

③ in|out 用来指定该 ACL 是被应用到流入端口（in），还是被应用到流出端口（out）。

网络环境：如图 6-17 所示，路由器 R1 连接了两个网段，分别为 172.16.1.0/24 和 172.16.2.0/24。在 172.16.2.0/24 网段中有一台服务器 Server 提供 WWW 服务，IP 地址为 172.16.2.12。

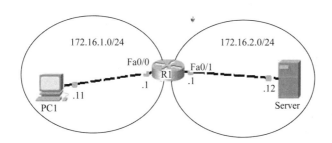

图 6-17 访问控制列表实例网络环境

配置实例 1：在图 6-17 所示的网络环境下，禁止 172.16.2.0/24 网段中的计算机除 Server 这台服务器外访问 172.16.1.0/24 的计算机。172.16.2.12 可以正常访问 172.16.1.0/24。

提示：

```
R1（config）# access-list 1 permit host 172.16.2.12
/配置 ACL1，允许 172.16.2.12 的数据包通过
R1（config）#access-list 1 deny any
/配置 ACL1，拒绝其他一切 IP 地址进行通信
R1（config）#int fa0/1
/进入 fa0/1 端口
R1（config-if）#ip access-group 1 in
/将 ACL1 应用在此端口上
```

说明：配置完毕，R1 端口只允许来自 172.16.2.12 这个 IP 地址的数据包传输，而来自其他 IP 地址的数据包都无法通过 R1 传输。

配置实例 2：在图 6-17 所示的网络环境下，禁止 Server 这台服务器对 172.16.1.0/24 网段的访问，而对 172.16.2.0/24 网段中的其他计算机可以正常访问。

提示：

```
R1（config）#access-list 1 deny host 172.16.2.12
/设置 ACL1，禁止 172.16.2.12 的数据包通过
R1（config）#access-list 1 permit any
/设置 ACL1，允许其他 IP 地址的计算机进行通信
R1（config）#int fa0/1
/进入 fa0/1 端口
R1（config-if）#ip access-group 1 in
/将 ACL1 应用在 fa0/1 端口上，同理，可以进入 fa0/0 端口后使用 ip access-group 1 out
命令来完成配置
```

说明：配置完毕，除 172.16.2.12 外，其他 IP 地址都可以通过路由器正常通信。

配置实例 3：在图 6-17 所示的网络环境下，禁止 172.16.1.0 的计算机访问 172.16.2.0 的计算机，包括 Server 这台服务器，不过唯独可以访问 Server 上的 WWW 服务，而其他服务不能访问。

提示：

```
R1（config）#access-list 101 permit tcp any 172.16.2.12 0.0.0.0 eq www
/设置 ACL101，允许源地址为任意 IP，目的地址为服务器 Server 的 80 端口，即 WWW 服务。由于
路由器默认添加 deny any 命令，因此 ACL 只写此一句即可
R1（config）#int fa0/1
/进入 fa0/1 端口
R1（config-if）#ip access-group 101 out
/将 ACL101 应用到 fa0/1 出口上
```

说明：配置完毕，172.16.1.0 的计算机就无法访问 172.16.2.0 的计算机了，就算是服务

器 172.16.2.12 开启了 FTP 服务也无法访问，唯独可以访问的就是 Server 的 WWW 服务，而 172.16.2.0 网段中的计算机可以访问 172.16.1.0 网段中的计算机。

6.6　网络地址转换

随着接入 Internet 的计算机数量的不断增加，IP 地址资源愈加显得捉襟见肘。事实上，除中国教育和科研计算机网（CERNET）外，一般用户几乎申请不到整段的 C 类 IP 地址。在其他 ISP 那里，即使是拥有几百台计算机的大型局域网用户，他们申请后所分配的 IP 地址也不过几个或十几个。显然，这样少的 IP 地址根本无法满足网络用户的需求，于是就产生了 NAT 技术。

6.6.1　私有地址

Internet 上有成千上万台主机，为了区分这些主机，人们给每台主机分配了专门的地址，称为 IP 地址。通过 IP 地址可以访问网络上的每一台主机。IP 地址分为公有地址和私有地址两种，只有公有地址才能在 Internet 上进行通信，私有地址不能直接在公网上使用，只能在内部私有网络中使用。因此，私有（保留）地址是国际组织当时分配 IP 地址时保留（不需要经过申请注册）下来的一部分地址，用于给一个组织网络内部的计算机使用。根据 IP 网络协议，在 A 类、B 类、C 类 IP 地址中都有一个网络号是保留的 IP 地址，不需要申请注册，只能在内部私有网络中使用。具体分布范围如下：

A 类：10.0.0.0～10.255.255.255

B 类：172.16.0.0～172.31.255.255

C 类：192.168.0.0～192.168.255.255

6.6.2　NAT 的概念

网络地址转换，即 NAT（Network Address Translation），是指在一个组织网络内部，各计算机之间通过私有 IP 地址进行通信，而当组织内部的计算机要与外部网络进行通信时，具有 NAT 功能的设备（这里指路由器）负责将其私有 IP 地址转换为公有 IP 地址，即用该组织申请的合法 IP 地址进行通信。

简单地说，NAT 就是一种将私有（保留）地址转换为合法 IP 地址接入广域网的技术。这种技术不仅解决了 IP 地址不足的问题，还能够有效地避免来自网络外部的攻击，隐藏并保护网络内部的计算机，提高了网络的安全性。

6.6.3　NAT 的原理

当内部网络有多台主机访问互联网上的多个目的主机时，路由器必须记住内部网络的哪一台主机访问互联网上的哪一台主机，以防止在地址转换时将不同的连接混淆，因此路由器会为 NAT 的众多连接建立一个表，即 NAT 表。

路由器在进行地址转换时，依靠在 NAT 表中记录的内部私有地址和外部公有地址的映射关系来作为地址转换的依据。路由器在做某个数据连接操作时，只需要查询 NAT 表，就可以获知应该如何转换地址，而不会发生数据连接混淆的情况。

NAT 表中每个连接条目都有一个计时器。当有数据在这两台主机之间传递时，数据包不断刷新 NAT 表中的相应条目，该条目处于不断被激活的状态，并且不会被 NAT 表清除。但是，如果两台主机长时间没有数据交互，那么在计时器倒数到零时，NAT 表将把这个条目清除。

在运行 NAT 的路由器中，当数据包被传送时，NAT 可以转换数据包的 IP 地址和 TCP/UDP 数据包的端口号。设置 NAT 功能的路由器至少要有一个 Inside（内部）端口和一个 Outside（外部）端口。内部端口连接内部网络的用户，外部端口一般连接到 Internet。当 IP 数据包离开内部网络时，NAT 负责将内部网络 IP 源地址（通常是专用地址）转换为合法的公有 IP 地址。当 IP 数据包进入内部网络时，NAT 将合法的公有 IP 目的地址转换为内部网络的 IP 源地址，如图 6-18 所示。

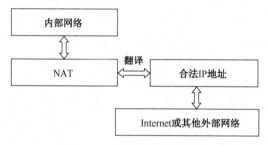

图 6-18　网络地址转换原理

6.6.4　NAT 的配置

NAT 按实现方式分为三种：静态 NAT、动态 NAT 和端口多路复用动态 NAT。

1．静态 NAT

静态网络地址转换（Static NAT）是指将内部网络的私有 IP 地址转换为公有 IP 地址，IP 地址对是一对一的、一成不变的，某个私有 IP 地址只转换为某个公有 IP 地址。借助静态转换，可以实现外部网络对内部网络中某些特定设备（如服务器）的访问。

配置实例 1：某公司想让外部用户访问一台内部网络的 Web 服务器，管理员可以在路由器 Router 中使用静态 NAT，将一个外网公网地址（2.2.2.1）映射到一个内部地址（10.0.0.10）。假设该路由器 Router 的 Fa0/0 端口连接内部网络，Fa0/1 端口连接外部网络。

提示：

（1）定义内部接口，连接内部网络：

```
Router (config)#int fa 0/0
```

```
Router（config-if）#ip address 10.0.0.1 255.0.0.0
Router（config-if）#ip nat inside        /定义该端口连接内部网络
```

（2）定义外部接口，连接外部网络：

```
Router（config-if）#int fa 0/1
Router（config-if）#ip address 2.2.2.1 255.0.0.0
Router（config-if）#ip nat outside       /定义该端口连接外部网络
```

（3）在内部本地地址与外部全局地址之间建立静态网络地址转换：

```
Router（config）#ip nat inside source static 10.0.0.10 2.2.2.1
```

2．动态 NAT

动态网络地址转换（Dynamic NAT）是指将内部网络的私有 IP 地址转换为公有 IP 地址，IP 地址是不确定的、随机的，所有被授权访问 Internet 的私有 IP 地址可随机转换为任何指定的合法 IP 地址。也就是说，只要指定哪些内部地址可以进行转换，以及用哪些合法地址作为外部地址，就可以进行动态转换。动态转换可以使用多个合法外部地址集。当 ISP 提供的合法 IP 地址略少于网络内部的计算机数量时，可以采用动态转换的方式。

配置实例 2：某公司想让外部用户访问内部网络的主机，网络管理员可以在路由器 Router 中使用动态 NAT，将一个外网公网地址段（2.2.2.1～2.2.2.3）映射到内部网络地址（10.0.0.0）上。假设路由器 Router 的 Fa0/0 端口连接内部网络，Fa0/1 端口连接外部网络。

提示：

（1）定义内部端口，连接内部网络：

```
Router（config）#int fa 0/0
Router（config-if）#ip address 10.0.0.1 255.255.255.0
Router（config-if）#ip nat inside
```

（2）定义外部端口，连接外部网络：

```
Router（config-if）#int fa 0/1
Router（config-if）#ip address 2.2.2.1 255.0.0.0
Router（config-if）#ip nat outside
```

（3）定义合法 IP 地址池：

```
Router（config）#ip nat pool mynatpool 2.2.2.1 2.2.2.3 netmask 255.0.0.0
```

（4）定义一个标准 ACL，允许哪些内部地址可以进行动态地址转换：

```
Router（config）#access-list 1 permit 10.0.0.0 0.0.0.255
```

（5）实现网络地址转换：将由 access-list 指定的内部本地地址与指定的外部合法地址进行地址转换：

```
Router（config）#ip nat inside source list 1 pool mynatpool
```

3. 端口多路复用动态 NAT

端口多路复用是指改变外部数据包的源端口并进行端口转换，即端口地址转换（Port Address Translation，PAT），采用端口多路复用方式。内部网络的所有主机均可共享一个合法外部 IP 地址实现对 Internet 的访问，从而最大限度地节约 IP 地址资源。同时，又可隐藏网络内部的所有主机，有效避免来自 Internet 的攻击。因此，目前网络中应用最多的就是端口多路复用方式。

配置实例 3：某公司想让外部用户访问内部网络的主机，网络管理员可以在路由器 Router 中使用端口多路复用动态 NAT，将一个外网公网地址（2.2.2.1）映射到内部网络地址（10.0.0.0）上。假设路由器 Router 的 Fa0/0 端口连接内部网络，Fa0/1 端口连接外部网络。

提示：

（1）定义内部端口，连接内部网络：

```
Router（config）#int fa 0/0
Router（config-if）#ip address 10.0.0.1 255.255.255.0
Router（config-if）#ip nat inside
```

（2）定义外部端口，连接外部网络：

```
Router（config-if）#int fa 0/1
Router（config-if）#ip address 2.2.2.1 255.0.0.0
Router（config-if）#ip nat outside
```

（3）定义合法 IP 地址池：

```
Router（config）#ip nat pool mynatpool 2.2.2.1 2.2.2.1 netmask 255.0.0.0
```

（4）定义一个标准 ACL，允许哪些内部地址可以进行动态地址转换：

```
Router（config）#access-list 1 permit 10.0.0.0  0.0.0.255
```

（5）实现网络地址转换：将由 access-list 指定的内部本地地址与指定的外部合法地址进行地址转换：

```
Router（config）#ip nat inside source list 1 pool mynatpool overload
```

6.7 网络规划与设计

网络规划与设计就是在组网之前对整个网络需求进行可行性分析，根据分析结果设计网络拓扑结构，选择合适的组网技术，选用和配置网络设备，以实现 Intranet、Internet 的连接和各种网络应用功能。

6.7.1 网络拓扑结构

拓扑学（Topology）是一种研究与大小、距离无关的几何图形特性的方法。网络拓扑是由网络节点设备和通信介质相互连接而成的网络结构图，反映了网络中各实体间的结构关系。因此，网络拓扑结构设计得好坏对整个网络的性能和经济性都有重大影响。目前，网络拓扑结构主要有总线型结构、星型结构、环型结构、树型结构和网状型结构。

6.7.2 层次化网络结构设计

网络拓扑结构设计常采用层次化的方法。层次化网络结构设计在互联网组件的通信中引入了三个关键层的概念，这三个关键层分别是核心层（Core Layer）、汇聚层（Distribution Layer）和接入层（Access Layer），如图 6-19 所示。

图 6-19 层次化网络结构设计

1．核心层

核心层的功能主要是实现骨干网络之间的优化传输，核心层设计任务的重点通常是冗余能力、可靠性和高速的传输，而网络的控制功能最好尽量少在核心层上实施。核心层一直被认为是所有流量的最终承受者和汇聚者，对核心层的设计要求及网络设备的要求十分严格。因此，建设核心层不仅需要考虑冗余设计，还要考虑占投资主要部分的设备。

2．汇聚层

汇聚层是楼群或小区的信息汇聚点，是连接接入层节点和核心层的中心，为接入层提供数据的汇聚、传输、管理、分发处理和基于安全管理综合策略的连接，如地址合并、协议过滤、路由服务、认证管理等，通过网段划分（如 VLAN）与网络隔离可以防止某些网段问题蔓延并影响核心层。汇聚层也可以提供接入层虚拟网之间的互联，控制和限制接入层对核心层的访问，保证核心层的安全和稳定。

汇聚层设备一般需要较好的性能和较丰富的功能，一般采用可管理的三层交换机或堆叠式交换机。汇聚层设备之间及汇聚层设备与核心层设备之间多采用光纤连接，以提高系统的传输性能和吞吐量。

3．接入层

接入层通常指网络中直接面向用户连接或访问的部分，主要功能是完成用户流量的接入和隔离。因此，接入层可以由一些无线网卡、AP 和二层交换机等性价比高的设备组成。对于无线局域网用户，用户终端通过无线网卡和无线接入点 AP 完成用户接入。

6.7.3 层次化网络结构设计实例

随着 Internet 的迅猛发展，各种模块化、智能化、多功能的国产网络设备在中小型的骨干网中扮演着重要的角色，使计算机网络技术得到了广泛的推广和应用。比如，学校教育方式也因此逐渐实现了现代化。校园网已经成为借助信息化教育和管理手段的高水平、智能化、数字化的教学园区网络，最终可实现统一网络管理、统一软件资源系统，将来可扩展骨干网络节点互联带宽至 10Gbit/s，为师生提供高速网络，实现网络远程教学、在线服务、教育资源共享等各种应用。

如图 6-20 所示是中等职业学校校园网结构设计实例，使用了层次化的设计方法。下面就该层次化网络结构设计方案进行分析。

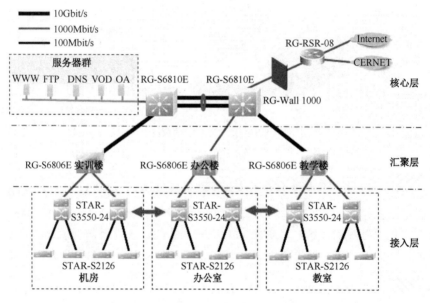

图 6-20 中等职业学校校园网结构设计实例

（1）校园网骨干网络传输速率为 1000Mbit/s。

（2）网络中心机房设在办公楼里，办公楼分别与实训楼、教学楼相距 200m，两楼之间均用 10Gbit/s 光纤连接，提高了网络数据的传输能力。

（3）核心层配备了两台新一代多业务万兆核心路由交换机 RG-S6810E，设备端口聚合互联，提高了网络带宽，提供了核心设备间冗余备份，增强了网络的可靠性。

（4）网络中心机房内有 WWW 服务器、FTP 服务器、DNS 服务器、VOD 点播服务器、办公 OA 服务器等高性能的设备，设有基于 SAN 架构的磁盘阵列数据存储技术，用于学校校务、学籍、人事、网站等方面的管理，实现学校的办公自动化。各系统之间实现充分的资源共享，提高办公及管理效率，不仅提供学校网站发布、E-mail、Telnet、远程视频点播、远程电子阅览室、网上教学等简单服务，还提供如教学资料、教学课件、技能大赛培训常用资料的 FTP 下载。

（5）校园网采用高性能、通用的骨干汇聚路由器（RG-RSR-08）+防火墙（RG-Wall1000）结构进行 Internet 和 CERNET（中国教育和科研计算机网）的接入，不仅提供了强大的数据处理能力、出口路由功能和 NAT 功能，还具有强大的防范入侵和数据过滤功能，保证了内网通信的安全，也为教师、学生、学生家长进行更好的信息交流和资源访问搭建了平台。

（6）汇聚层为办公楼、实训楼和教学楼各自的局域网，均采用了锐捷 RG-S6806E 多业务万兆核心路由交换机，为接入层设备提供了强大的数据交换路由能力，实现了高速、高效、安全和智能的校园网新需求。

（7）接入层采用的是全千兆安全智能接入交换机 STAR-S3550-24 和 STAR-S2126，为行政办公室、各专业组办公室、各实验室机房、服务器组和学生教室提供了 VLAN 环境，增强网络隔离、安全访问和实时管理功能。实验室机房各自划分的 VLAN 之间做到了不能互访，也不能访问其他区域，只能上网。专业组办公室各自划分的 VLAN 之间能做到互访，能上网和访问学生教室划分的 VLAN，但不能访问行政办公室划分的 VLAN。

（8）客户机均采用 TCP/IP，分配 172.16.0.0 的内部私有 IP 地址。同时，将接入层设备端口与客户机 MAC 地址绑定，最大限度地减少 IP 地址的冲突和网络管理员的工作量。

因此，计算机网络技术在校园网的应用，不仅改变了学校的教育方式，还大大提高了学校工作效率和教学质量，借助行业对一线岗位技能人才的需求来构建"岗、课、赛、证"四位一体的融合育人模块化课程体系，国家各级各类职业技能竞赛和华为、锐捷 1+X 职业资格行业认证，引领了教育教学方法改革、技能实训方法改革和教学评价方法改革，增强专业技能人才培养效果，提升专业技能人才综合素质，贯通技能人才成长通道，拓展学生就业创业本领，为国家实施科教兴国战略，强化现代化建设提供了人才支撑，不仅为网络专业理论奠定了坚实的基础，而且在网络专业技术上也有了突破创新，不断研发出具有我国自主知识产权的网络新技术和新产品，为我国早日建设成为制造强国、质量强国、航天强国、交通强国、网络强国、数字中国而助力，更好地服务社会主义现代化强国的全面建设。

习　题　6

一、填空题

1．路由器是工作在 OSI 参考模型_____层的数据包转发设备。

2．用户在任何模式提示符下输入_____，会显示当前模式下常用命令的列表及简单描述。

3．RIP 的网络直径不超过_____跳，适合中小型网络。超_____跳时认为网络不可达。

4．ACL 分为_____和_____两种类型。

5．从特权模式进入全局配置模式的命令是_____，从全局配置模式进入 FastEthernet 0/1 端口的命令是_____。

6．在配置思科路由器时，在特权模式下查看当时运行的配置信息，应使用_____命令。

7．首次进行路由器配置，一般使用_____端口。

8．联网的计算机可以用_____命令对路由器进行远程登录配置。

9．交换机端口安全接入某个特定设备，通常是利用端口与_____地址绑定来实现的。

10．层次化网络结构设计引入了_____、_____、_____三个关键层。

二、选择题

1．交换机如何知道将帧转发到哪个端口?（　　　）

    A．用 MAC 地址表

    B．用 ARP 地址表

    C．读取源 ARP 地址

    D．读取源 MAC 地址

2．路由器配置了静态路由，如果收到的数据包中的目标地址与路由表中的所有条目都不匹配，则路由器将把数据包（　　　）。

    A．保存   B．丢弃

    C．送往下一跳   D．送往默认路由

3．应该在（　　　）中创建 VLAN。

    A．用户模式   B．特权模式

    C．全局配置模式   D．VLAN 配置模式

4．下列关于路由的描述中，较为接近动态路由定义的是（　　　）。

    A．明确了目标网络地址，但不能指定下一跳地址采用的路由

    B．由网络管理员手工设定的，明确指出了目标网络和下一跳地址的路由

    C．数据转发的路径没有明确指定，采用特定的算法计算一条最优的转发路径

D．以上说法都不正确

5．下列不是 VLAN 技术优点的是（　　）。

A．增加了组网的灵活性

B．可以减少碰撞的产生

C．提高了网络的安全性

D．在一台设备上阻隔广播，而不必支付额外的花销

6．路由器从用户模式进入特权模式的命令是（　　）。

A．router#enable

B．router>enable

C．router（config）#enable

D．router（config）>enable

7．以太网交换机是利用"端口/MAC 地址映射表"进行数据交换的。交换机实现动态建立和维护端口/MAC 地址映射表的方法是（　　）。

A．人工建立　　　　　　　　B．地址学习

C．进程　　　　　　　　　　D．轮询

8．基于距离矢量算法的路由协议是（　　）。

A．ICMP　　　　　　　　　　B．RIP

C．OSPF　　　　　　　　　　D．TCP

9．动态路由基于路由协议，（　　）并维护路由表。

A．手工指定　　　　　　　　B．自动生成

C．任意生成　　　　　　　　D．固定不变

10．一个 VLAN 可以看作一个（　　）。

A．冲突域　　　　　　　　　B．广播域

C．管理域　　　　　　　　　D．阻塞域

11．要禁止内部网络中 IP 地址为 198.168.46.8 的 PC 访问外部网络，正确的 ACL 规则是（　　）。

A．access-list 1 permit ip 192.168.46.0 0.0.0.255 any

　access-list 1 deny ip host 198.168.46.8 any

B．access-list 1 permit ip host 198.168.46.8 any

　access-list 1 deny ip 192.168.46.0 0.0.0.255 any

C．access-list 1 deny ip 192.168.46.0 0.0.0.255 any

　access-list 1 permit ip host 198.168.46.8 any

D．access-list 1 deny ip host 198.168.46.8 any

　access-list 1 permit ip 192.168.46.0 0.0.0.255 any

12．通过（　　）命令可以查看交换机端口加入 VLAN 的情况。

A．show　running-config

B．show　startup-config

C．show　interface　vlan

D．show　vlan

13. 如下图所示，左边路由器中应该添加的由 192.168.10.1 到 192.168.30.1 的静态路由是（   ）。

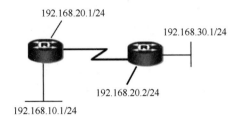

A. Router（config）#ip route 192.168.30.0 255.255.255.0 192.168.20.2

B. Router（config）#ip route 192.168.30.0 255.255.255.0 192.168.20.0

C. Router（config-if）#ip route 192.168.30.1 255.255.255.0 192.168.20.2

D. Router（config-if）#ip route 192.168.30.0 255.255.255.0 192.168.20.2

14. 要想拒绝主机 192.168.100.3/24 访问服务器 201.10.182.10/24 的 WWW 服务，下面的访问控制列表配置及其模式均正确的是（   ）。

A. Router#ip access-list 101 deny tcp 192.168.100.3 0.0.0.255 201.10.182.10 0.0.0.255 eq 80

B. Router（config）#ip access-list 10 denytcp 192.168.100.30 0.0.0.255 201.10.182.10 0.0.0.255 eq 80

C. Router（config-serial1/0）#ip access-list 10 deny tcp 192.168.100.3 0.0.0.255 201.10.182.10 0.0.0.255 eq 80

D. Router（config）#ip access-list 101 deny tcp 192.168.100.3 0.0.0.0 201.10.182.10 0.0.0.255 eq 80

15. 下列关于链路聚合的说法中，不正确的是（   ）。

A. 在一个链路聚合组里，每个端口必须工作在全双工模式下

B. 在一个链路聚合组里，每个端口必须属于同一个 VLAN

C. 在一个链路聚合组里，每条链路的属性必须和第一条链路的属性一致

D. 在一个链路聚合组里，链路之间具有相互备份的功能

16. 如果企业内部需要接入 Internet 的用户一共有 400 个，而该企业只申请到一个 C 类的合法 IP 地址，则应该使用（   ）方式实现。

A. 静态 NAT   B. 动态 NAT

C. Port NAT   D. 以上都不对

17. 下列对默认路由的描述不正确的是（   ）。

A. 默认路由是优先被使用的路由

B. 默认路由是最后一条被使用的路由

C. 默认路由是一种特殊的静态路由

D. 默认路由是在自治系统接入 Internet 的边界路由器上通常配置的路由

18. 在接口应用 ACL，下列命令正确的是（   ）。

A. permit access-list 101 out

B．ip access-group 101 out

C．ip access-list f 0/0　out

D．ip access-class 101 out

19．如下图所示环境，如果为整个网络配置 OSPF 协议（area 1），实现互通，则下列 RG 系列路由器的配置正确的是（　　）。

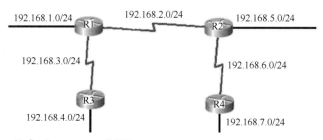

A．R1（config）#router ospf 100

　R1（config-router）#network 192.168.1.0 255.255.255.0 area 1

　R1（config-router）#network 192.168.2.0 255.255.255.0 area 1

　R1（config-router）#network 192.168.3.0 255.255.255.0 area 1

B．R2（config）#router ospf 200

　R2（config-router）#network 192.168.5.0 255.255.255.0 area 1

　R2（config-router）#network 192.168.6.0 255.255.255.0 area 1

C．R3（config）#router ospf 70

　R3（config-router）#network 192.168.3.0 0.0.0.255 area 1

　R3（config-router）#network 192.168.4.0 0.0.0.255 area 1

　R3（config-router）#network 192.168.5.0 0.0.0.255 area 1

D．R4（config）#router ospf 2

　R4（config-router）#network 192.168.5.1 255.255.255.0 area 1

　R4（config-router）#network 192.168.7.1 255.255.255.0 area 1

20．在交换机 Switch 中，下列命令可以把两个连续的端口加入一个端口聚合组 10 中的是（　　）。

A．Switch（config-if）#channel-group 10 mode on

B．Switch（config）# channel-group 10

C．Switch（config-if-range）# channel-group 10 mode on

D．Switch（config-if）# channel-group 10

三、简答题

1．VLAN 间路由在三层交换机上是如何实现的？

2．若一组交换机端口要组成汇聚端口，它们的哪些属性必须相同？

3．下面是某交换机的配置信息，解释部分语句的含义。

switch>enable _____

switch#config t _____

switch（config）#hostname student _____

student（config）#interface vlan 1 _____

student（config-if）#ip address 192.168.12.1 255.255.255.0

student（config-if）#exit _____

student（config）#interface f 0/2 _____

student（config-if）#speed 100 _____

student（config-if）#duplex full _____

student（config-if）#no shutdown _____

student（config-if）#exit

student（config）#vlan 10 _____

student（config-vlan）#exit

student（config）#interface vlan 10 _____

student（config-if）#ip address 192.168.13.1 255.255.255.0

student（config-if）#exit

student（config）#interface range f 0/11-20 _____

student（config-if）#switchport access vlan 10 _____

student（config-if）#exit

student（config）interface f 0/24

student（config-if）#switchport mode trunk _____

student（config-if）#end _____

student#show vlan _____

student#show run _____

student#write _____

4．如下图所示，路由器 A 要访问路由器 D 的 10.1.5.1/16 地址，请分别写出路由器 A、路由器 B、路由器 D 所要配置的静态路由、RIP 路由和 OSPF 路由。

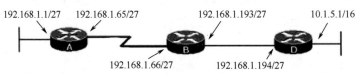

192.168.1.1/27　192.168.1.65/27　　　192.168.1.193/27　　　10.1.5.1/16

192.168.1.66/27　　　192.168.1.194/27

5．创建拒绝来自 192.168.4.0 去往 192.168.3.0 的 FTP 流量的 ACL，允许其他流量能够访问，应用到接口 Fa0/0 的出方向。

综 合 实 训

实训 1 双绞线的制作

一、实训目的

1. 了解双绞线的分类及应用场合。
2. 掌握非屏蔽双绞线直通线与交叉线的制作方法。
3. 掌握网线测试仪的使用方法。

二、实训内容

1. 分别制作双绞线直通线、交叉线。
2. 利用网线测试仪测试线缆的连通性。

三、实训条件

超五类非屏蔽双绞线若干段（长约 1.5m），RJ-45 水晶头、线标、护套若干个，RJ-45 网线测试仪，压线钳。

四、实验原理

（1）双绞线是由两对或更多对颜色各异的绝缘金属线组成的，每对金属线相互缠绕作为一条通信线路，可有效降低信号干扰程度。局域网中常用的是非屏蔽超五类双绞线和非屏蔽六类双绞线。

（2）双绞线分为直通线和交叉线两种。

直通线就是水晶头两端按照同一个标准连接，在工程中使用较多的是 EIA/TIA 568B 标准，主要用于计算机到交换机、交换机到交换机的连接。线序如下表所示：

线　序	EIA/TIA568B	EIA/TIA568B
1	白橙	白橙
2	橙	橙
3	白绿	白绿
4	蓝	蓝
5	白蓝	白蓝
6	绿	绿
7	白棕	白棕
8	棕	棕

　　交叉线是一端按照 EIA/TIA568B 标准、另一端按照 EIA/TIA568A 标准的接法，主要用于两台计算机的直接连接。线序如下表所示：

线　序	EIA/TIA568B	EIA/TIA568A
1	白橙	白绿
2	橙	绿
3	白绿	白橙
4	蓝	蓝
5	白蓝	白蓝
6	绿	橙
7	白棕	白棕
8	棕	棕

五、实训过程

任务 1　制作直通线

（1）穿线标、护套。

线标与护套各自的作用是＿＿＿＿＿＿＿＿＿＿＿＿＿＿＿＿＿＿＿＿＿＿＿＿＿＿＿＿＿

＿＿＿＿＿＿＿＿＿＿＿＿＿＿＿＿＿＿。

（2）剥线。

使用压线钳将双绞线的外皮除去＿＿＿＿＿cm 左右，将划开的外保护套管剥去（旋转、向外抽）。

难点：在剥双绞线外皮时，手握压线钳，要适当用力，否则会损伤内部线芯，甚至会把线芯剪断。

（3）理线。

通常按＿＿＿＿＿线序标准将 8 根导线平坦整齐地平行排列，导线间不留空隙，将裸露出的双绞线用压线钳剪下只剩约＿＿＿＿＿cm 的长度，一定要剪得很整齐。

思考：剪齐后裸露出的双绞线过长或过短会出现什么问题？

（4）插线。

左手拿水晶头将弹簧卡方向＿＿＿＿＿，右手将正确排列的双绞线平行插入水晶头，一定要将各条芯线都插到＿＿＿＿＿，与水晶头的＿＿＿＿＿完全接触，双绞线的外保护层应能够在

RJ-45 插头内的凹陷处被压实。

思考：为什么双绞线的外保护层也要插在水晶头里面？

（5）压线。

在确认一切都正确后，将 RJ-45 插头放入_____的压头槽，双手紧握压线钳的手柄，用力压制。

思考：出现双绞线芯与水晶头针脚接触不好的原因是什么？

（6）重复步骤（1）～（5），制作另一端的 RJ-45 接头。

（7）测线。

将双绞线两端分别接到网线测试仪的主控端和测线端，打开测试仪开关，测试仪的指示灯按_____顺序依次绿色闪亮。

如果指示灯闪亮的顺序不一样，则说明_____；如果指示灯中有的呈现绿色、有的不亮，则说明_____。

任务 2　制作交叉线

（1）交叉线的两端分别按照_____标准和_____标准制作。需将_____线与_____线、_____线与_____线位置对调。

（2）参照直通线的做法制作一根交叉线。

（3）测线。

将双绞线两端分别接到网线测试仪的主控端和测线端，打开测试仪开关，主控端的指示灯按_____顺序绿色闪亮，测线端指示灯按_____顺序绿色闪亮。

如果测线端第 1 个灯和第 3 个灯不亮，则表示_____，应这样处理：_____。

六、实训小结

通过本次实训，你掌握了哪些技能？

实训 2　IP 地址与子网掩码

一、实训目的

1. 理解 IP 地址及子网掩码的概念。
2. 掌握 IP 在网络中的作用、格式及分配原则。

3．理解子网掩码在网络中的作用。

二、实训内容

1．IP 地址的设置与分配原则。
2．子网掩码的基本设置方法。

三、实训条件

有 4 台安装了 Windows XP 操作系统的计算机，并且已组建小型对等网。

四、实训原理

1．IP 地址组成

IP 地址用来标识网络中的通信实体，由 32 位二进制数组成。IP 地址使用点分十进制表示法表示：由 4 段构成的 32 比特的 IP 地址被直观地表示为 4 个以圆点隔开的十进制整数，其中每个整数对应一字节（8 比特为一字节，称为一段）。对应的十进制取值为 0～255。

地址格式：IP 地址=网络号＋主机号

或　　　　　　IP 地址=网络号＋子网号＋主机号

网络地址是由 NIC 统一分配的，目的是保证网络地址的全球唯一性。主机地址是由各个网络的系统管理员分配的。因此，网络地址的唯一性与网络内主机地址的唯一性确保了 IP 地址的全球唯一性。

2．IP 地址分类

IP 地址根据需要被分为 5 个大类：A、B、C、D、E。A 类地址最高位为 0，后面的 7 位表示网络号，余 24 位表示主机号，总共允许有 126 个网络。B 类地址最高两位总是二进制数 10，允许有 16384 个网络。C 类地址高三位总是二进制数 110，允许有大约 200 万个网络。D 类地址被用于多路广播组，高四位总是二进制数 1110，余下的位用于标明客户机所属的组。E 类地址是一种仅供试验的地址。

3．私有 IP 地址

私有 IP 地址属于非注册地址，不在公网上分配，专门在组织机构内部使用。其地址范围如下：

A 类　10.0.0.0～10.255.255.255

B 类　172.16.0.0～172.31.255.255

C 类　192.168.0.0～192.168.255.255

4．子网掩码

子网掩码用来指明 IP 地址中网络号和主机号部分，是判断任意两台计算机的 IP 地址是否属于同一个广播域的依据。子网掩码不能单独存在，它必须结合 IP 地址一起使用。与 IP 地址相同，子网掩码的长度也是 32 位，前一部分用连续的"1"标识网络号部分，后一部分用连续的"0"标识主机号部分。默认的子网掩码：A 类 255.0.0.0，B 类 255.255.0.0，C 类 255.255.255.0。

五、实训过程

1. 在 PC1 中输入 IP 地址 127.1.5.2，观察能否设置，并分析原因。

2. 在 PC2 中输入 IP 地址 192.168.1.255，观察能否设置，并分析原因。

3. 在 PC3 中输入 IP 地址 192.168.1.0，观察能否设置，并分析原因。

4. 在 PC4 中输入 IP 地址 10.0.0.1，观察能否设置，子网掩码默认是什么？

5. 设置 4 台计算机的 IP 地址和子网掩码如下：

主机名	IP 地址	子网掩码
PC1	192.168.1.1	255.255.255.0
PC2	192.168.1.2	255.255.255.0
PC3	192.168.1.3	255.255.255.0
PC4	192.168.1.4	255.255.255.0

（1）在 PC1 上用 ping 命令分别测试 PC2、PC3、PC4，观察能否连通。

（2）将 PC2 的 IP 地址改为 192.168.1.3，观察系统给出什么提示，并分析原因。

（3）将 PC2 的 IP 地址改为 192.168.2.2，观察与其他计算机能否连通，并分析原因。

（4）将 PC3 的子网掩码改为 255.255.0.0，观察与其他计算机能否连通，并分析原因。

6. 设置 4 台计算机的 IP 地址和子网掩码如下：

主机名	IP 地址	子网掩码
PC1	192.168.10.51	255.255.255.240
PC2	192.168.10.60	255.255.255.240
PC3	192.168.10.66	255.255.255.240
PC4	192.168.10.125	255.255.255.240

（1）本网络共有多少个子网？每个子网最多可有多少台计算机？

（2）这4个IP地址涉及几个子网？相互之间用ping命令测试连通性，哪些计算机能连通、哪些不能连通？并分析原因。

（3）将PC3的IP地址改为192.168.10.62，此时它可与哪些计算机连通？说明原因。

（4）PC4所在子网的广播地址是什么？子网号是什么？

7. 设置4台计算机的IP地址和子网掩码如下：

主机名	IP 地址	子网掩码
PC1	192.168.8.8	255.255.252.0
PC2	192.168.9.8	255.255.252.0
PC3	192.168.10.8	255.255.252.0
PC4	192.168.11.8	255.255.252.0

测试4台计算机之间能否正常通信，并说明原因。

六、实训小结

通过本次实训，你掌握了哪些技能？

实训3　组建对等网

一、实验目的

1. 理解对等网的概念。
2. 掌握对等网的规划与配置。
3. 掌握网络连通测试方法。

二、实验内容

1．对等网的安装与配置。
2．网络连通性的测试。

三、实训条件

1．安装有 Windows XP 操作系统的计算机 3 台。
2．100Mbit/s PCI 接口网卡 3 块。
3．多端口交换机 1 台。
4．直通双绞线若干根。

四、实训原理

1．对等网

对等网也叫作工作组网，其特点是具有对等性，即网络中的计算机功能相似、地位相同，无专用服务器。每台计算机相对网络中其他的计算机而言，既是服务器，又是客户机，相互共享网络资源。

2．对等网的规划

（1）规划拓扑结构。
对等网中包含的计算机数量较少，通常采用星型拓扑结构。
（2）计算机名和工作组规划。
在对等网中，计算机名不能重复，否则无法正确识别计算机。同一个对等网中的计算机应属于同一个工作组，即工作组名相同。计算机处于不同的工作组中，并不影响相互间的访问。
（3）IP 地址的规划。
在同一个对等网中，各计算机 IP 地址的主机地址不能相同，但网络地址必须相同，通常使用私有 IP 地址。

3．网络连通性测试

使用系统提供的 ping 命令检查网络是否通畅或测试网络连接速度。命令格式：ping IP 地址或主机名。

五、实训过程

1．设计拓扑结构

根据提供的硬件设备，规划一个小型对等网，请设计该网络的拓扑结构。

2．安装网卡及驱动程序

（1）关闭机箱电源，将网卡插到主板上的一个空闲 PCI 插槽内，将网卡与机箱接口处的螺钉固定好，防止出现短路。

（2）开机启动 Windows XP 系统，自动检测新安装的网卡，按照提示安装网卡驱动程序。

（3）查看网卡配置信息和 MAC 地址。

① 在"网络连接"中，右击"本地连接"图标，在弹出的快捷菜单中选择"状态"选项，打开"本地连接状态"对话框，选择"支持"选项卡。

② 在命令行模式中输入"ipconfig/all"查看相关信息。

3．小型对等网的硬件连接

（1）将直通线的一头插到交换机 RJ-45 插槽内，另一头插到 PC1 网卡 RJ-45 插槽内。其他两台计算机接法相同。

（2）开机后，观察计算机网卡与交换机相对应端口指示灯的变化情况，并说明其代表的含义。

4．IP 地址的规划与配置

（1）IP 地址规划。

主机名	IP 地址	子网掩码	默认网关
PC1	192.168.1.3	255.255.255.0	192.168.1.1
PC2	192.168.1.4	255.255.255.0	192.168.1.1
PC3	192.168.1.5	255.255.255.0	192.168.1.1

（2）配置 IP 地址。

根据已规划的 IP 地址，分别在本机的"TCP/IP 属性"对话框中设置 IP 地址、子网掩码、默认网关等信息。

5．计算机名和工作组的规划与设置

（1）分别在本机的"计算机属性"对话框中设置计算机名为 PC1、PC2、PC3，工作组名均为 WORKGROUP。

（2）两台计算机重名会出现什么问题？工作组名不同，计算机之间是否可以正常访问？

6．网络连通性测试

（1）测试本机网卡是否正常运行（ping 本机 IP 地址）。

观察屏幕显示结果，如测试不通过，判断其故障原因。

（2）测试本地 TCP/IP 是否正常。

输入命令"ping 127.0.0.1"，观察屏幕显示结果，判断 TCP/IP 是否正常工作。

（3）分别测试 PC1 与 PC2、PC1 与 PC3 之间的连通性，观察网络通信是否正常。如果 PC1 与 PC2 测试不通，就判断其故障原因并解决。

六、实训小结

通过本次实训，你掌握了哪些技能？

实训 4   交换机的基本配置

一、实训目的

掌握交换机的管理特性，学会配置交换机支持 Telnet 操作的相关语句。

二、实训背景

假设某公司的网络管理员准备在设备机房对交换机进行初次配置，他希望以后在办公室或出差时也可以通过网络对设备进行远程管理，现要在交换机上进行适当的配置，就可实现上述功能。

本实训以 S3760-48 交换机为例，将交换机命名为 S3760。通过反转线连接计算机的串口（COM）和交换机的控制（Console）端口，通过交叉线连接计算机的网卡（NIC）端口和交换机的 F0/1 端口。假设这台计算机的 IP 地址为 192.168.1.10/24，交换机的管理 IP 地址为 192.168.1.200/24。

三、实训条件

（1）S3760-48 交换机 1 台。
（2）计算机 1 台。
（3）交叉线 1 根。

（4）反转线1根。

四、实训拓扑

本实训网络拓扑结构如下图所示。

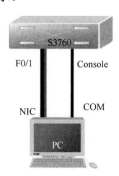

五、实训过程

（1）认识各线缆、计算机的 COM 端口、交换机端口和 Console 端口，并按上图连接。

（2）配置计算机的 IP 地址：192.168.1.10/24。

（3）在计算机上打开超级终端窗口。

（4）打开交换机的电源，并在超级终端窗口中观察交换机启动过程。

（5）配置交换机的名称：S3760。

命令参考：

```
Red-Giant（config）#hostname S3760
```

（6）配置交换机的管理接口 IP 地址：192.168.1.200/24。开启该接口。

命令参考：

```
S3760（config）#interface vlan 1
S3760（config-if）#ip address 192.168.1.200 255.255.255.0
S3760（config-if）#no shutdown
```

（7）验证交换机的管理接口已经配置 IP 地址，并开启该接口。

命令参考：

```
S3760#show ip interface
S3760#show interface vlan 1
```

（8）配置交换机远程登录口令。

命令参考：

```
S3760（config）#line vty 0 4
```

```
S3760 (config-line) #password ruijie
S3760 (config-line) #login
```

（9）配置交换机特权模式口令。

命令参考：

```
S3760 (config) #enable secret star
```

（10）查看交换机当前的所有配置。

命令参考：

```
S3760#show running-config
```

（11）验证从计算机通过网线远程登录交换机后可进入特权模式。

命令参考：

```
C: \>telnet 192.168.0.138
```

（12）保存在交换机上所做的所有配置。

命令参考：

```
S3760#write
```

或

```
S3760#copy running-config startup-config
```

六、实训小结

通过本次实训，你掌握了哪些技能？

实训 5 交换机端口隔离

一、实训目的

1. 理解 VLAN 的基本原理。
2. 掌握同一个交换机下的 VLAN 配置方法。
3. 通过划分 Port VLAN 实现交换机端口的隔离。

二、实训背景

假设某公司办公楼的所有计算机都连接在一个交换机下。公司经理要求普通员工不能访问经理的计算机和财务人员的计算机。假设你是该公司的网络管理员，需要你在交换机上做适当的配置，实现上述要求。

本实训以一台 S2126G 交换机为例，将交换机命名为 S2126。通过直通线分别连接普通员工的计算机 PC1 与交换机的 F0/1 端口、普通员工的计算机 PC2 与交换机的 F0/2 端口、经理的计算机 PC11 与交换机的 F0/11 端口、财务人员的计算机 PC12 与交换机的 F0/12 端口。假设 PC1 的 IP 地址为 192.168.1.1/24，PC2 的 IP 地址为 192.168.1.2/24，PC11 的 IP 地址为 192.168.1.11/24，PC12 的 IP 地址为 192.168.1.12/24。

三、实训条件

（1）S2126G 交换机 1 台。
（2）计算机 4 台。
（3）直通线 4 根。
（4）反转线 1 根。

四、实训拓扑

实训网络拓扑结构如下图所示。

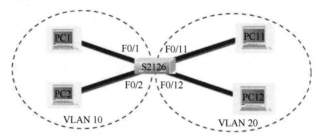

五、实训过程

（1）认识直通线、计算机的 NIC 端口、交换机各端口，并按上图连接。
（2）分别配置 PC1、PC2、PC11、PC12 的 IP 地址。
（3）利用 ping 命令验证各计算机的互通性。
（4）通过一根反转线将交换机的 Console 端口与任意一台计算机的 COM 端口连接，打开该计算机的超级终端窗口，对交换机进行配置。
（5）将交换机命名为 S2126。
命令参考：

```
Red-Giant (config) #hostname S2126
```

（6）创建 VLAN 10 和 VLAN 20。

命令参考：

```
S2126 (config) #vlan 10
S2126 (config) #name ptyg
S2126 (config) #vlan 20
S2126 (config) #name jlcw
```

（7）验证 VLAN 10 和 VLAN 20 已创建。

命令参考：

```
S2126#show vlan
```

（8）将接口分配到 VLAN 中。

命令参考：

```
S2126 (config) #interface fastethernet 0/1
S2126 (config-if) #switchport access vlan 10
S2126 (config) #interface fastethernet 0/2
S2126 (config-if) #switchport access vlan 10
S2126 (config) #interface range fastethernet 0/11-12
S2126 (config-if-range) #switchport access vlan 20
```

注意：区分 VLAN 10 和 VLAN 20 接口分配的不同配置方法。

（9）再次验证 VLAN 及其分配的接口。

命令参考：

```
S2126#show vlan
```

注意：区分步骤（7）和步骤（9）的验证结果，观察有何不同。

（10）再次利用 ping 命令验证各计算机的互通性。

注意：区分步骤（3）和步骤（10）的验证结果，观察有何不同。

（11）保存在交换机 S2126 上所做的配置。

六、实训小结

通过本次实训，你掌握了哪些技能？

实训 6　跨交换机的 VLAN

一、实训目的

掌握在交换机上划分 Port VLAN 和配置 Trunk 的方法，实现跨交换机 VLAN 之间的访问。

二、实训背景

假设某公司有两层楼，一层有一个交换机，供一层的业务部、技术部的计算机接入；二层也有一个交换机，供二层的业务部、技术部的计算机接入。公司经理要求两个部门的计算机不能互访。假设你是该公司的网络管理员，需要在交换机上做适当的配置，实现上述要求。

本实训以两台 S2126G 交换机为例，分别命名为 S1、S2。使用交叉线分别连接 S1、S2 的 F0/24 端口；业务部的计算机 PC1、PC2 分别与 S1 的 F0/1 端口、S2 的 F0/2 端口连接；技术部的计算机 PC11、PC12 分别与 S1 的 F0/11 端口、S2 的 F0/12 端口连接。假设 PC1 的 IP 地址为 192.168.1.1/24，PC2 的 IP 地址为 192.168.1.2/24，PC11 的 IP 地址为 192.168.1.11/24，PC12 的 IP 地址为 192.168.1.12/24。

三、实训条件

（1）S2126G 交换机两台。
（2）计算机 4 台。
（3）双绞线 5 根。
（4）反转线 1 根。

四、实训拓扑

在实训网络拓扑结构如下图所示。

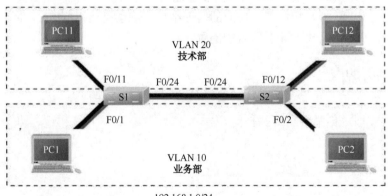

五、实训过程

（1）认识各线缆、计算机的 NIC 端口、交换机各端口，并按上图连接。

（2）分别配置 PC1、PC2、PC11、PC12 的 IP 地址。

（3）利用 ping 命令验证各计算机的连通性。

（4）通过一根反转线分别将 S1、S2 的 Console 端口与任意一台计算机的 COM 端口连接，打开该计算机的超级终端窗口，对 S1、S2 进行配置。

（5）分别配置两台交换机的名称：S1、S2。

（6）在 S1 和 S2 上分别创建业务部 VLAN 10 和技术部 VLAN 20。

命令参考：

```
S1（config）#vlan 10
S1（config）#name yewu
S1（config）#vlan 20
S1（config）#name jishu
S2（config）#vlan 10
S2（config）#name yewu
S2（config）#vlan 20
S2（config）#name jishu
```

（7）分别在 S1 和 S2 上验证创建的 VLAN 10 和 VLAN 20。

命令参考：

```
S1#show vlan
S2#show vlan
```

（8）分别将 S1 和 S2 的接口分配到相应的 VLAN 10、VLAN 20 中。

命令参考：

```
S1（config）#interface fastethernet 0/1
S1（config-if）#switchport access vlan 10
S1（config）#interface fastethernet 0/11
S1（config-if）#switchport access vlan 20
S2（config）#interface fastethernet 0/2
S2（config-if）#switchport access vlan 10
S2（config）#interface fastethernet 0/12
S2（config-if）#switchport access vlan 20
```

（9）再次分别验证 S1 和 S2 中 VLAN 10、VLAN 20 及其分配的接口。

注意：区分步骤（7）和步骤（9）的验证结果，观察有何不同。

（10）再次利用 ping 命令验证各计算机的互通性。

注意：区分步骤（3）和步骤（10）的验证结果，观察有何不同。

（11）分别将 S1、S2 的接口 F0/24 配置成 Trunk 模式。

命令参考：

```
S1（config）#interface fastethernet 0/24
S1（config-if）#switchport mode trunk
S2（config）#interface fastethernet 0/24
S2（config-if）#switchport mode trunk
```

（12）分别验证 S1、S2 接口 F0/24 的模式。

命令参考：

```
S1#show interface fastethernet 0/24 switchport
S2#show interface fastethernet 0/24 switchport
```

（13）再次分别验证 S1 和 S2 中 VLAN 10、VLAN 20 及其分配的接口。

注意：区分步骤（9）和步骤（13）的验证结果，观察有何不同。

（14）再次利用 ping 命令验证各计算机的互通性。

注意：区分步骤（10）和步骤（14）的验证结果，观察有何不同。

（15）分别保存在两台交换机上所做的配置。

六、实训小结

通过本次实训，你掌握了哪些技能？

实训 7 VLAN 间的通信

一、实训目的

掌握在三层交换机上配置 SVI 接口，实现 VLAN 间的路由。

二、实训背景

假设某公司有两层楼，一层有一个交换机，供一层的业务部、技术部的计算机接入；二层也有一个交换机，供二层的业务部、技术部的计算机接入。公司经理要求两部门的计算机能互访。假设你是该公司的网络管理员，需要你在交换机上进行适当的配置，实现上述要求。

本实训以两台交换机 S2126G、S3550-24 为例，分别命名为 S2126、S3550。通过交叉线分别连接 S2126、S3550 的 F0/24 端口；业务部的计算机 PC1、PC2 分别与 S2126 的 F0/1 端口、S3550 的 F0/2 端口连接；技术部的计算机 PC11、PC12 分别与 S2126 的 F0/11 端口、S3550 的 F0/12 端口连接。假设 PC1 的 IP 地址为 192.168.10.1/24，PC2 的 IP 地址为 192.168.10.2/24，PC11 的 IP 地址为 192.168.20.11/24，PC12 的 IP 地址为 192.168.20.12/24。

三、实训条件

（1）S2126G、S3550-24 交换机各 1 台。
（2）计算机 4 台。
（3）双绞线 5 根。
（4）反转线 1 根。

四、实训拓扑

本实训网络拓扑结构如下图所示。

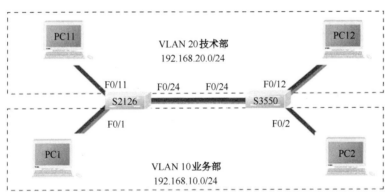

五、实训过程

（1）认识各线缆、计算机的 NIC 端口、交换机各端口，并按上图连接。
（2）分别配置 PC1、PC2、PC11、PC12 的 IP 地址。
（3）利用 ping 命令验证各计算机的连通性。
（4）通过一根反转线分别将 S2126、S3550 的 Console 端口与任意一台计算机的 COM 端口连接，打开该计算机的超级终端窗口，对 S2126、S3550 进行配置。
（5）分别配置两台交换机的名称：S2126、S3550。
（6）在 S2126 和 S3550 上分别创建业务部 VLAN 10 和技术部 VLAN 20。

命令参考：

```
S2126（config）#vlan 10
```

```
S2126（config）#name yewu
S2126（config）#vlan 20
S2126（config）#name jishu
S3550（config）#vlan 10
S3550（config）#name yewu
S3550（config）#vlan 20
S3550（config）#name jishu
```

（7）分别验证 S2126 和 S3550 中创建的 VLAN 10、VLAN 20。

命令参考：

```
S2126#show vlan
S3550#show vlan
```

（8）分别将 S2126 和 S3550 的接口分配到相应的 VLAN 10、VLAN 20 中。

命令参考：

```
S2126（config）#interface fastethernet 0/1
S2126（config-if）#switchport access vlan 10·
S2126（config）#interface fastethernet 0/11
S2126（config-if）#switchport access vlan 20
S3550（config）#interface fastethernet 0/2
S3550（config-if）#switchport access vlan 10
S3550（config）#interface fastethernet 0/12
S3550（config-if）#switchport access vlan 20
```

（9）分别验证 S2126 和 S3550 中 VLAN 10、VLAN 20 及其分配的接口。

注意：区分步骤（7）和步骤（9）的验证结果，观察有何不同。

（10）再次利用 ping 命令验证各计算机的互通性。

注意：区分步骤（3）和步骤（10）的验证结果，观察有何不同。

（11）分别将 S2126、S3550 的接口 F0/24 配置成 Trunk 模式。

命令参考：

```
S2126（config）#interface fastethernet 0/24
S2126（config-if）#switchport mode trunk
S3550（config）#interface fastethernet 0/24
S3550（config-if）#switchport mode access
S3550（config-if）#switchport mode trunk
```

（12）分别验证 S2126、S3550 接口 F0/24 的模式。

命令参考：

```
S2126#show interface fastethernet 0/24 switchport
```

```
S3550#show interface fastethernet 0/24 switchport
```

（13）再次分别验证 S2126 和 S3550 中 VLAN 10、VLAN 20 及其分配的接口。

注意：区分步骤（9）和步骤（13）的验证结果，观察有何不同。

（14）再次利用 ping 命令验证各计算机的互通性。

注意：区分步骤（10）和步骤（14）的验证结果，观察有何不同。

（15）在三层交换机 S3550 中分别配置 VLAN 10 和 VLAN 20 的 SVI 接口 IP 地址并激活。

命令参考：

```
S3550（config）#interface vlan 10
S3550（config-if）#ip address 192.168.10.245 255.255.255.0
S3550（config-if）#no shutdown
S3550（config）#interface vlan 20
S3550（config-if）#ip address 192.168.20.245 255.255.255.0
S3550（config-if）#no shutdown
```

（16）配置 PC1 和 PC2 的网关为 192.168.10.254、PC11 和 PC12 的网关为 192.168.20.254。

注意：需要配置各计算机的网关为相应 VLAN 的 SVI 接口地址。

（17）再次利用 ping 命令验证各计算机的互通性。

注意：区分步骤（14）和步骤（17）的验证结果，观察有何不同。

（18）查看 S3550 的路由表。

命令参考：

```
S3550#show ip route
```

（19）分别保存在两台交换机上所做的配置。

六、实训小结

通过本次实训，你掌握了哪些技能？

实训 8　端口聚合

一、实训目的

1. 理解聚合端口的作用和工作原理。
2. 掌握在交换机上配置聚合端口。

二、实训背景

假设某公司有两台交换机，一台交换机连接各部门服务器，另一台交换机连接各部门员工的计算机。每个部门的员工要频繁访问自己部门的服务器，为了提高交换机之间的传输带宽，并实现链路冗余备份，同时防止广播风暴的发生，该公司的网络管理员在两台交换机之间使用两根网线连接，并将相应的两个端口聚合为一个逻辑端口，现要在交换机上做适当的配置来实现上述功能。

本实训以两台 S2126G 交换机为例，分别命名为 S1、S2。通过两根交叉线分别连接 S1、S2 的 F0/23、F0/24 端口；销售部的服务器 PC1 连接 S1 的 F0/1 端口、员工计算机 PC11 连接 S2 的 F0/11 端口；业务部的服务器 PC2 连接 S1 的 F0/2 端口、员工计算机 PC12 连接 S2 的 F0/12 端口。假设 PC1 的 IP 地址为 192.168.10.1/24，PC2 的 IP 地址为 192.168.10.2/24，PC11 的 IP 地址为 192.168.10.11/24，PC12 的 IP 地址为 192.168.10.12/24。

三、实训条件

（1）S2126G 交换机 2 台。
（2）计算机 4 台。
（3）双绞线 6 根。
（4）反转线 1 根。

四、实训拓扑

本实训网络拓扑结构如下图所示。

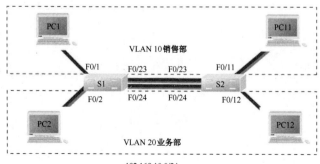

五、实训过程

（1）认识各线缆、计算机的 NIC 端口、交换机各端口，并按上图连接。

（2）分别配置 PC1、PC2、PC11、PC12 的 IP 地址。

（3）利用 ping 命令验证各计算机的连通性。

（4）使用一根反转线分别将 S1、S2 的 Console 端口与任意一台计算机的 COM 端口连接，打开该计算机的超级终端窗口，对 S1、S2 进行配置。

（5）分别配置两台交换机的名称：S1、S2。

（6）在 S1 和 S2 上分别创建销售部 VLAN 10 和业务部 VLAN 20。

命令参考：

```
S1 (config) #vlan 10
S1 (config) #name xiaoshou
S1 (config) #vlan 20
S1 (config) #name yewu
S2 (config) #vlan 10
S2 (config) #name xiaoshou
S2 (config) #vlan 20
S2 (config) #name yewu
```

（7）分别将 S1 和 S2 的接口分配到相应的 VLAN 10、VLAN 20 中。

命令参考：

```
S1 (config) #interface fastethernet 0/1
S1 (config-if) #switchport access vlan 10
S1 (config) #interface fastethernet 0/2
S1 (config-if) #switchport access vlan 20
S2 (config) #interface fastethernet 0/11
S2 (config-if) #switchport access vlan 10
S2 (config) #interface fastethernet 0/12
S2 (config-if) #switchport access vlan 20
```

（8）分别验证 S1 和 S2 中的 VLAN 10、VLAN 20 及其分配的接口。

命令参考：

```
S1#show vlan
S2#show vlan
```

（9）在 S1 和 S2 上分别创建一个聚合端口，并把相应以太网端口加入此聚合端口。

命令参考：

```
S1 (config) #interface range fastethernet 0/23-24
```

```
S1（config-if-range）# channel-group 1 mode on
S1（config）#interface port-channel 1
S1（config-if）#switchport mode trunk
```

同理：

```
S2（config）#interface range fastEthernet 0/23-24
S2（config-if-range）# channel-group 1 mode on
S2（config）#interface port-channel 1
S2（config-if）#switchport mode trunk
```

注意：只有同属性的端口才能聚合为一个端口。

（10）分别验证创建的 S1 和 S2 聚合端口。

命令参考：

```
S1#show etherchannel summary
S2#show etherchannel summary
```

（11）验证当交换机之间的一条链路断开时，PC1 与 PC11、PC2 与 PC12 仍能互相通信。

在 PC1 中，输入 C:\ping 192.168.10.11 -t。

在 PC2 中，输入 C:\ping 192.168.10.12 -t。

（12）再次分别综合验证两台交换机端口 F0/23 和 F0/24 的状态。

（13）分别保存在两台交换机上所做的配置。

六、实训小结

通过本次实训，你掌握了哪些技能？

实训 9 路由器的基本配置

一、实训目的

掌握路由器的管理特性，学会配置路由器支持 Telnet 操作的相关语句。

二、实训背景

假设某公司的网络管理员在设备机房对路由器进行初次配置，他希望以后在办公室或出差时也可以通过网络对设备进行远程管理，现要在路由器上做适当的配置以实现上述功能。

本实训以一台 R2624 路由器为例，将路由器命名为 R2624。通过反转线将计算机的串口（COM）和路由器的控制（Console）端口连接，通过交叉线将计算机的网卡（NIC）端口和路由器的 F0/1 端口连接。假设这台计算机的 IP 地址为 192.168.1.10/24，配置路由器 F0/1 端口的 IP 地址为 192.168.1.200/24。

三、实训条件

（1）R2624 路由器 1 台。
（2）计算机 1 台。
（3）交叉线 1 根。
（4）反转线 1 根。

四、实训拓扑

本实训网络拓扑结构如下图所示。

五、实训过程

（1）认识各线缆、计算机的 COM 端口、路由器各端口和 Console 端口，并按上图连接。
（2）配置计算机的 IP 地址：192.168.1.10/24。
（3）在计算机上打开超级终端窗口。
（4）打开路由器的电源，并在超级终端窗口中观察路由器的启动过程。
（5）配置路由器的名称：R2624。
命令参考：

```
Red-Giant（config）#hostname R2624
```

（6）配置路由器 F0/1 端口的 IP 地址：192.168.1.200/24。开启该端口。
命令参考：

```
R2624（config）#interface f0/1
```

```
R2624（config-if）#ip address 192.168.1.200 255.255.255.0
R2624（config-if）#no shutdown
```

（7）验证路由器端口已经配置 IP 地址，并开启该端口。

命令参考：

```
R2624#show ip interface f0/1
```

或

```
R2624#show interface brief
```

（8）配置路由器远程登录口令。

命令参考：

```
R2624（config）#line vty 0 4
R2624（config-line）#login
R2624（config-line）#password ruijie
```

（9）配置路由器特权模式口令。

命令参考：

```
R2624（config）#enable password star
```

或

```
R2624（config）#enable secret star
```

（10）查看路由器当前所有配置。

命令参考：

```
R2624#show running-config
```

（11）验证从计算机通过网线远程登录路由器后可进入特权模式。

命令参考：

```
C:\>telnet 192.168.0.138
```

（12）保存在路由器上所做的所有配置。

命令参考：

```
R2624#write
```

或

```
R2624#copy running-config startup-config
```

（13）查看路由器已保存的所有配置。

命令参考：

R2624#show startup-config

六、实训小结

通过本次实训，思考本实训与实训 4 有什么不同，你又掌握了哪些技能？

实训 10 静态路由

一、实训目的

1．理解静态路由的工作原理。
2．掌握在路由器上配置静态路由的方法，实现网络的互通。

二、实训背景

假设某学校有东、西两个校区，每个校区都使用一台路由器连接一个局域网。假设你是该校的网络管理员，现要在两台路由器上配置静态路由，实现东、西两个校区网络互通。

本实训以两台 R2624 路由器为例，分别命名为 R1、R2，通过串口以 V.35 DCE/DTE 电缆连接；通过交叉线分别将 PC1 和 R1 的 F0/1 端口、PC2 和 R2 的 F0/2 端口连接。假设 PC1 的 IP 地址为 192.168.1.10/24，PC2 的 IP 地址为 192.168.2.20/24；R1 的 S1/1 端口的 IP 地址为 192.168.3.1/24，F0/1 端口的 IP 地址为 192.168.1.1/24；R2 的 S1/2 端口的 IP 地址为 192.168.3.2/24，F0/2 端口的 IP 地址为 192.168.2.1/24。

三、实训条件

（1）R2624 路由器 2 台。
（2）计算机 2 台。
（3）V.35 DCE/DTE 电缆 1 根。
（4）交叉线 2 根。
（5）反转线 1 根。

四、实训拓扑

本实训网络拓扑结构如下图所示。

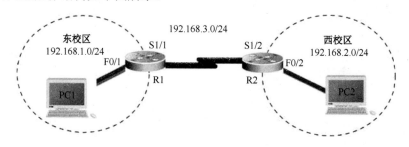

五、实训教程

（1）认识各线缆、计算机的 COM 端口、路由器各端口和 Console 端口，并按上图连接。

（2）通过一根反转线分别将 R1、R2 的 Console 端口与任意一台计算机的 COM 端口连接，打开该计算机的超级终端窗口，对 R1、R2 进行配置。

（3）分别配置两台路由器的名称：R1、R2。

（4）配置 R1 接口的 IP 地址和串口的时钟频率。

命令参考：

```
R1（config）#interface fastethernet 0/1
R1（config-if）#ip address 192.168.1.1 255.255.255.0
R1（config-if）#no shutdown
R1（config）#interface serial 1/1
R1（config-if）#clock rate 64000
R1（config-if）#ip address 192.168.3.1 255.255.255.0
R1（config-if）#no shutdown
```

注意： 如果两台路由器通过串口直接连接，则必须在其中一端（DCE 端）设置时钟频率。

（5）验证 R1 接口的配置。

命令参考：

```
R1#show ip interface brief
```

（6）配置 R1 的静态路由。

命令参考：

```
R1（config）#ip route 192.168.2.0 255.255.255.0 192.168.3.2
```

或

```
R1（config）#ip route 192.168.2.0 255.255.255.0 serial 1/1
```

（7）验证 R1 上的静态路由配置。

命令参考：

```
R1#show ip route
```

（8）配置 R2 接口的 IP 地址。

命令参考：

```
R2 (config)#interface fastethernet 0/2
R2 (config-if)#ip address 192.168.2.1 255.255.255.0
R2 (config-if)#no shutdown
R2 (config)#interface serial 1/2
R2 (config-if)#ip address 192.168.3.2 255.255.255.0
R2 (config-if)#no shutdown
```

注意：DTE 端不需要配置相应路由器接口的时钟频率。

（9）验证 R2 接口的配置。

命令参考：

```
R2 (config)#R1#show ip interface brief
```

（10）配置 R2 的静态路由。

命令参考：

```
R2 (config)#ip route 192.168.1.0 255.255.255.0 192.168.3.1
```

或

```
R2 (config)#ip route 192.168.2.0 255.255.255.0 serial 1/2
```

（11）验证 R2 上的静态路由配置。

命令参考：

```
R2#show ip route
```

（12）分别配置 PC1、PC2 的 IP 地址和网关地址。

注意：PC1 的网关地址为 R1 端口 F0/1 的 IP 地址，PC2 的网关地址为 R2 端口 F0/2 的 IP 地址。

（13）利用 ping 命令测试网络的互通性。

在 PC1 中，输入 C:\>telnet 192.168.2.20。

在 PC2 中，输入 C:\>telnet 192.168.2.10。

（14）保存对 R1、R2 所做的所有配置。

六、实训小结

通过本次实训，你掌握了哪些技能？

实训 11　IP 标准访问控制列表

一、实训目的

1. 理解利用 IP 标准访问控制列表对网络流量的控制。
2. 掌握在路由器上配置 IP 标准访问控制列表的方法。

二、实训背景

假设某公司有三个部门：经理部、财务部和销售部。公司通过两台路由器进行信息传输。为了安全，公司领导要求销售部的计算机不能访问财务部的计算机，但经理部的计算机可访问财务部的计算机。假设你是该公司的网络管理员，现要在路由器上做适当配置，实现上述功能。

本实训以两台 R2624 路由器为例，分别命名为 R1、R2，通过串口以 V.35 DCE/DTE 电缆连接；通过交叉线分别将销售部 PC1 和 R1 的 F0/1 端口、经理部 PC2 和 R1 的 F0/2 端口、财务部 PC3 和 R2 的 F0/1 端口连接。假设 PC1 的 IP 地址为 192.168.1.10/24，PC2 的 IP 地址为 192.168.2.20/24，PC3 的 IP 地址为 192.168.3.30/24；R1 的 S1/1 端口的 IP 地址为 192.168.4.1/24，F0/1 端口的 IP 地址为 192.168.1.1/24；R2 的 S1/2 端口的 IP 地址为 192.168.4.2/24，F0/1 端口的 IP 地址为 192.168.3.1/24。

三、实训条件

（1）R2624 路由器 2 台。
（2）计算机 3 台。
（3）V.35 DCE/DTE 电缆 1 根。
（4）交叉线 3 根。
（5）反转线 1 根。

四、实训拓扑

本实训网络拓扑结构如下图所示。

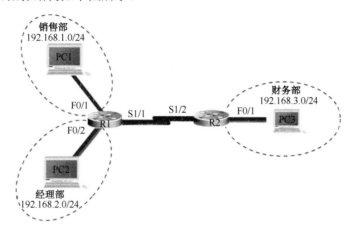

五、实训过程

（1）认识各线缆、计算机的 COM 端口、路由器各端口和 Console 端口，并按上图连接。

（2）通过一根反转线分别将 R1、R2 的 Console 端口与任意一台计算机的 COM 端口连接，打开该计算机的超级终端窗口，对 R1、R2 进行配置。

（3）分别配置两台路由器的名称：R1、R2。

（4）配置 R1 各接口的 IP 地址和串口（DCE 端）的时钟频率。

命令参考：

```
R1（config）#interface fastethernet 0/1
R1（config-if）#ip address 192.168.1.1 255.255.255.0
R1（config-if）#no shutdown
R1（config）#interface fastethernet 0/2
R1（config-if）#ip address 192.168.2.1 255.255.255.0
R1（config-if）#no shutdown
R1（config）#interface serial 1/1
R1（config-if）#clock rate 64000
R1（config-if）#ip address 192.168.4.1 255.255.255.0
R1（config-if）#no shutdown
```

注意：如果两台路由器通过串口直接连接，则必须在其中一端（DCE 端）设置时钟频率。

（5）验证 R1 接口的配置。

命令参考：

```
R1#show ip interface brief
```

（6）配置 R1 的默认路由。

命令参考：

```
R1（config）#router 0.0.0.0 0.0.0.0 192.168.4.2
```

（7）验证 R1 上的默认路由配置。

命令参考：

```
R1#show ip route
```

（8）配置 R2 各接口的 IP 地址。

命令参考：

```
R2（config）#interface fastethernet 0/2
R2（config-if）#ip address 192.168.3.1 255.255.255.0
R2（config-if）#no shutdown
R2（config）#interface serial 1/2
R2（config-if）#ip address 192.168.4.2 255.255.255.0
R2（config-if）#no shutdown
```

注意：DTE 端不需要配置相应路由器接口的时钟频率。

（9）验证 R2 接口的配置。

命令参考：

```
R2（config）#R1#show ip interface brief
```

（10）配置 R2 的默认路由。

命令参考：

```
R2（config）#router 0.0.0.0 0.0.0.0 192.168.4.1
```

（11）验证 R2 的默认路由配置。

命令参考：

```
R2#show ip route
```

（12）分别配置 PC1、PC2 和 PC3 的 IP 地址和网关地址。

注意：PC1 的网关地址为 R1 端口 F0/1 的 IP 地址，PC2 的网关地址为 R1 端口 F0/2 的 IP 地址，PC3 的网关地址为 R2 端口 F0/1 的 IP 地址。

（13）利用 ping 命令测试网络的互通性。

在 PC1 中，输入 C:\>telnet 192.168.3.30。

在 PC2 中，输入 C:\>telnet 192.168.3.30。

（14）在 R2 上配置标准 IP 访问控制列表。

命令参考：

```
R2（config）#access-list 10 deny 192.168.1.0 0.0.0.255
R2（config）#access-list 10 permit 192.168.2.0 0.0.0.255
```

```
R2（config）#interface fastethernet 0/1
R2（config-if）#ip access-group 10 out
```

注意：标准控制列表一般应用在尽量靠近目的地址的接口上。

（15）再次利用 ping 命令测试网络的互通性。

在 PC1 中，输入 C:\>telnet 192.168.3.30。

在 PC2 中，输入 C:\>telnet 192.168.3.30。

（16）查看 R2 当前的配置。

命令参考：

```
R2#show running-config
```

（17）保存对 R1、R2 所做的所有配置。

六、实训小结

通过本次实训，你掌握了哪些技能？

反侵权盗版声明

电子工业出版社依法对本作品享有专有出版权。任何未经权利人书面许可，复制、销售或通过信息网络传播本作品的行为；歪曲、篡改、剽窃本作品的行为，均违反《中华人民共和国著作权法》，其行为人应承担相应的民事责任和行政责任，构成犯罪的，将被依法追究刑事责任。

为了维护市场秩序，保护权利人的合法权益，我社将依法查处和打击侵权盗版的单位和个人。欢迎社会各界人士积极举报侵权盗版行为，本社将奖励举报有功人员，并保证举报人的信息不被泄露。

举报电话：（010）88254396；（010）88258888

传　　真：（010）88254397

E-mail：　dbqq@phei.com.cn

通信地址：北京市海淀区万寿路 173 信箱

　　　　　电子工业出版社总编办公室

邮　　编：100036